经典摄影器材论道

隋晓龙 / 著

电子工业出版社
Publishing House of Electronics Industry
北京 · BEIJING

王宁 / 摄

这些经典的照相机、镜头，不仅仅是拍照的工具，更是一种信仰

工作室座机。 何脑斯 / 供图

CONTENTS

目录

高级轻便相机
口袋里的魔法世界

Compact Cameras: The Magic World
in Your Pocket

The First View: The Era of Contending
Titans in Rangefinder Cameras

最初的观看
旁轴取景照相机群雄逐鹿的年代

097

Through the Lens: The Cosmos Within Optical Imaging

The Years of Preparation: The Golden Age of SLR Cameras

通过镜头
光学成像里的乾坤

123

徕卡 35mm 传奇
"纪实"视角的代言者

187

Leica 35mm Lens：The Spokesperson of Documentary Photography Perspective

Endless Fun From Photography Tools to Trendy Toys

乐趣无穷
从拍照工具到潮玩

211

RECOMMENDATION

推荐序

照相机是我们了解摄影的关键

陈仲元 / 文

　　到底跟绘画不太一样，摄影术是倚靠着近代光学、光化学，以及精密机械制造技术而诞生的。照相机作为摄影的工具，直到现在还都扮演着不可或缺的重要角色。

　　摄影术发表于 1839 年的夏季，而在此之前照相机就已经有一段历史了，之所谓先有照相机而后有摄影术是矣，皆因为拍摄照片必定要用到这个光学成像的"仪器"。早期的照相机构造相对简单，多是手工制作的大型木质的摄影设备，直到 1888 年柯达公司制造出方便易用的感光胶卷，现代小型照相机的大规模制造方开始发端。胶片相机一直流行到 21 世纪初，直到数码相机的地位日臻稳固，才渐渐淡出人们的视野。而在此之前百余年的时间里，使用胶卷的照相机不知出品了多少个品牌，以及难以计数的不同型号，其中不乏一些设计精良、功能特异、性能超群的经典照相机，至今仍受人追捧。本书作者隋晓龙先生对于历史上的经典相机多有研究，并不断地将其所获资讯传播给更多希望了解经典胶卷照相机诸多来历、原理、使用经验、历史故事的朋友们。

　　隋晓龙先生是我结识多年的摄影师朋友，研究经典照相机的设计制造，探究照相机的演进历程，掌控照相机的功能特质，是他作为职业摄影师的必备素能。我在摄影杂志做编辑的那段时日，邀请隋先生撰写关于照相机的稿件刊载是常事。这并非仅仅因为他对于照相机资讯的累积甚丰，更因他是一位经验丰富的照相机使用者，无数经典照相机的使用体验使得他确实有资格在这里讲述摄影史上诸多经典照相机的故事。

　　在数码摄影人人皆知并皆用的当下，使用银盐感光胶卷（胶片）照相机作为影像艺术创作的工具其实并未过时，许多摄影大师还都在以此方法来创作当代的影像艺术作品，更有年轻的摄影师使用胶卷相机探寻过去时光中的摄影奥秘。听一听隋晓龙先生在这本小书中聊聊胶卷时代的经典摄影器材（照相机），或许能够在其中获悉更多的摄影知识与信息，填充摄影史研学中的些许缝隙。20 世纪摄影理论的大名家约翰·萨考斯基（John Szarkowski,1925—2007）有一名句言，"或许值得说一下这个显而易见的道理：照相机是我们了解摄影的关键。"

何脑斯 / 供图

PREFACE

写在前面

三人行必有我师

隋晓龙 / 文

　　我从小喜欢画画，羡慕有手艺的人，后来拜师学画，再后来自己也成了美术老师。玩摄影呢，是因为高中班上就四个男生，其中一个先玩摄影，其他人自然就被"传染"了。工作之后，攒钱买了一台二手凤凰205，一心扑在拍摄上，对各种品牌的相机也开始研究起来，买不起不怕，看看总是可以的！各个器材展也是学习和体验的好机会，慢慢开始玩得投入了。多年后我做了职业摄影师，用的器材多了起来，加上在各个BBS论坛上，跟着一群"大神"学到很多知识，慢慢就能感受到不同器材各自的妙处了。器材是摄影师创作的帮手，摄影师了解器材不丢人，古人云：工欲善其事，必先利其器。

　　几年前一时兴起，开始在家搞直播，和好朋友们分享自己手里的器材使用心得，戏称为"放毒大会"，没曾想一下就坚持播了四年，而且通过直播认识了更多的老师、朋友，也愈发体会到摄影的美妙，当然也愈发感到自己眼界的不足。三人行必有我师！这本书是"放毒大会"的开始，但一定不是结束。

柯达 Proimage100 胶片，徕卡 MP 相机，何脑斯 / 摄

PREFACE

自序

聊聊我选摄影器材的那些事

隋晓龙 / 文

作为职业摄影师，我的拍摄主要分三块：一是商业拍摄，也就是完成任务，养家糊口；二是坚持自己的创作；三是试验各种好玩的拍摄器材。

很多人问我：龙哥，你这么多年一直做摄影工作是怎么坚持下来的呢？包括"放毒大会"这么花费精力和时间的事情，究竟是怎么坚持下来的呢？我说我从来没"坚持"过，我真的喜欢摄影。真正的热爱自带动力，不需要去"坚持"。

工作之余的拍摄主要是为了三件事：一，保持观察世界的热情。二，我是真喜欢拍摄的感觉啊，好解压，好自由啊！三，为了锻炼观察和取景的能力。

工欲善其事，必先利其器。说到摄影器材，对我来说，首先考虑的是方便使用。在职业生涯早期，尼康是我用得很多的品牌。刚入行那会儿就觉得尼康最专业，后来为了满足各种不同客户的要求用得就杂了。比如拍剧照的时候用索尼的微单相机比较多，因为小巧还有静音快门；拍个人专题的时候用徕卡和哈苏 XPan 比较多；现在，我用适马比较多，因为适马的很多 DG、DN 的镜头制作得小巧又好用。

用了各式各样的摄影器材之后，我可以给大家选择器材的建议了。主要是扬长避短，你要知道自己手里各种器材的优点和缺点。有些题材可能特别适合用某种器材，比如有的题材需要高像素，有的需要移轴，有的需要轻便和隐蔽，有的需要高速连拍，有的需要镜头味道和气氛，有的要兼顾视频拍摄……那么，你就要根据实际需要来选择相机。这就像你需要拧紧一颗螺丝——就算你拥有世界上最纯的 999 足金价值五十万元的锤子，也不如我这两块钱的螺丝刀好用。

摄影，是要去平衡理性和感性的，换句话说就是平衡技术和艺术。运用技术和器材去实现艺术效果，很多时候是不能想当然的。比如说色彩管理，就是一个很好的例子。我听过很多摄影爱好者说：哪台机器色彩不好；谁谁的后背屏幕不行，偏色；哪个品牌的相机直出效果特别好看；哪个拍出来不"德味儿"，不高级……

我就问他："您用什么显示器看的颜色啊？"

他说："我用手机看的啊！"

手机、电脑、iPad 屏幕的色彩显示其实都不太准，要显示准确、稳定的颜色，需要用软件进行校色，最好是每周校准一次；而且显示器的选择也是很讲究的，可能一两万的艺卓显示器才能让你看到相对准确的颜色。还有，从 RAW 原始数码底片格式解出来的小图和所谓直出的小图，色彩是有很大区别的。校色的环境是需要标准色温光源的。另外，用艺术微喷打印出来的效果要和专业显示器的效果互相校准和调整……

　　综上所述，选择摄影器材这件事在技术上很复杂，关键是找到适合自己使用环境和要求的。量力而行，知行合一。有很多年轻的职业摄影师可能刚刚入行，经济条件不宽裕，但不使用昂贵的摄影器材并不能阻挡他拍出高水平、专业的作品。以我多年的从业经验来看，最后的影像好不好，跟使用的相机贵不贵没有什么必然的联系。我见到过大量拿着昂贵相机拍"垃圾片"的人；我也见过很多拿着特别普通的入门款相机拍大片的人。

　　毕竟，还是说了太多的那句老话——镜头后面的那颗头，才是决定艺术效果的关键。

AUTHOR INTRODUCTION

作者简介

隋晓龙，适马中国影像大使，哈苏中国合作摄影师，Profoto（保富图）中国合作讲师，中国摄影家协会会员，影像新势力视觉总监。从事影视剧剧照等商业拍摄。

2021 年，贵州黄平在地影像节艺术委员会委员
2020 年，贵州隆里在地影像节艺术委员会委员
2019 年 11 月，作品《剧照》参加 2019 丽水摄影节
2017 年 3 月，作品参加索尼中国商业人像展
2017 年 1 月，作品参加 VIVO 手机摄影联展
2016 年，艺术作品入选奥地利"中国摄影家走进联合国"摄影邀请展
2015 年，《魅族手机广告》入选第 25 届全国摄影艺术展

出版物：
2008 年，出版摄影集《19 格·剧》
2010 年，出版摄影集《我的海》
2020 年，出版摄影集《掌控光线》

剧照作品：
电影《英雄》《玉观音》《东风雨》《暖春》
电视剧《赢天下》《武媚娘传奇》《我的人间烟火》《暗算》《东宫》《真相》《唐砖》
《彼岸1945》《玫瑰炒肉丝》《光荣大地》《源氏问花录》《血色迷雾》《公安局局长》
《一身孤注掷温柔》《星落凝成糖》

I

Compact Cameras
The Magic World in Your Pocket

高级轻便相机

口袋里的魔法世界

暮色下，行色匆匆的街头，我从口袋里摸出一个香烟盒大小的金属盒子，扳动机关，一阵轻微、尖利、果断的蜂鸣，一只幽暗的，闪着神秘光芒的玻璃眼睁睁开了，在手掌之间隐秘地扫过街道，它似乎不经意地眨了一下眼，一段 1/125 秒的光阴被选中，永远固定在卤化银所涂布的胶片上。暗房里，在红色的灯光下，影像在药水里慢慢浮现出来，成为永恒。这样的魔法，以前要付出你的灵魂去交换，而现在只要 1000 元，就可以拥有这个魔盒，谁能拒绝这个诱惑呢！照相机不管怎样发展，摄影师对于便利的需求是不会改变的。口袋里小小的相机，凝聚了各个厂家的奇思妙想，小而强就是极致的追求，来体会它的美妙吧！

理光 GR1

用它街拍可以挨揍

街拍在最近这几年很流行。一说起街拍用什么相机，大家肯定会想起街拍神器——理光 GR1。很多人知道理光 GR 系列是因为日本摄影师森山大道。虽然现在森山大道已经不用 GR1 拍摄了，但是很多人还是觉得森山就等于理光 GR1，成了一个代名词。

CAKO 耀 / 供图

理光 GR 系列的外观设计从胶片时代的 GR1 到现在几乎就没有改变过，小巧的机身，纯金属框架，极其简洁而高效的操控，对焦模式有单点和宽区两个选项，虽然现在看起来感觉十分老旧，但是在当年这是非常时髦的设计，它还带有一个闪光指数非常小的闪光灯，并且可以手动选择开启或者关闭，这非常符合专业摄影师的要求。当然，在实际使用当中，这个小闪光灯没什么太大用处，算是聊胜于无吧，后来在 GR3 上这个闪光灯就被取消了。在后来的改进版 GR1s 和 GR1v 上面还搭载了手动感光度设定，使用起来更加便利。GR1 机身过于小巧，没办法塞入太大的马达，这导致它的自动过片速度不高，而且纤薄的机身隔音效果也很一般，过片噪声比较大。

1996 年 10 月，GR1 一上市就饱受好评，源于理光 GR1 上搭载了一支 28mm 镜头，成功地避开了徕卡经典的 35mm 和 50mm 焦段，这支 28mm 镜头的素质确实非常出众，摆脱了 20 世纪 90 年代大家对理光镜头的刻板印象。当年的 GR1 售价高达 5000 元，在那个年代这不是一笔小钱，一般的影友是不会去买一台看起来长得像傻瓜机的袖珍专业机的。

2005 年，理光推出了数码时代的第一个 GR 系列机型——GR Digital，也叫作 GRD。一开始也并没掀起太大波澜，它真正引起国内市场的震动我感觉是从

在大理北部的喜洲古镇，赶上学校放学，孩子们骑着自行车穿过街巷。理光 GR1s 拍摄，柯达 TriX400 黑白胶片。

GR2 开始的，到了 GR3 时代，理光和宾得公司合并，得到了"宾得油漆厂"的真传，推出了日记版、旅行版相机，很快就受到了很多女性摄影师的喜爱。现在，理光已经将 GR 系列营销成了一个潮牌，它已经不单单是一台相机了，融入了很多时尚、生活方式的因素。

回到胶片时代，GR1 的设计是如此成功，成功到此设计一直流传到现在，不会改变也没有必要改变。现在很多上了点年纪的摄影师会对 GR1 念念不忘，听摇滚音乐，用 GR1 扫街，这是他们年轻时的浪漫。而理光 GR1 就像有些知名画家一样，出名往往在去世之后。

森山大道和老一辈摄影师的时代已经过去了，他走在新宿的街巷里也不会被揍了，但理光和 GR 系列相机还在前进，在某种意义上可以说是 GR 系列让理光在残酷的市场中活了下来。现在的 GR 相机不仅仅是扫街的相机，它也出现在咖啡厅、图书馆，以及生活的各个角落中，它已经变成了一种文化符号，一种生活态度。

法国戛纳码头旁回港的帆船。盛夏傍晚的"蓝色时刻",快门速度很慢,把相机架在码头的栏杆上拍摄求得稳定。理光GR1s拍摄,柯达 E100VS 反转片。

美能达 TC-1

完美的"末日"绝唱

美能达和其他同时代的厂家相比，总是在功能、外观、思路等各个方面做出很多非常激进、前卫的设计，这些设计虽然不是每个都指向好用的方面，但确实都独具创意，所以我说美能达是一个"怪物公司"。但在商业上，激进有时和作死很容易画等号，美能达在胶片时代给我们留下的许多传奇但激进的设计，也导致美能达早早地离我们而去。

　　当年美能达的社长曾说，他们一共制造过"一台半"完美的相机——那半台是美能达 α9，那一台就是美能达 TC-1。

　　TC-1 的全称是"The Camera 1"（还有一个说法是"Titanium Clad"，众说纷纭）。单从名字就能看出这台相机在美能达的地位，美能达以它为骄傲，我个人也觉得这台相机是各家 PS 相机里面的颜值担当。

　　TC-1 的机身几乎是袖珍专业相机中最小的——起码视觉上是最小的。与之配合的 28mm f/3.5 镜头素质极其优异，它的暗角我也是极喜欢的。美能达为了保证每一挡光圈都是一个完美的圆，抛弃了传统的收合式叶片光圈，而是采用了一个古典的方法——每一挡光圈都是一个独立的光圈片，这样就真正做到了"换"光圈。但这个设计带来了一个隐患——如果把光圈放在两挡之间，关机时就会产生故障。

　　当你手里握着这台相机，你会不由自主地感慨，这么小的相机怎么可以塞下这么多独特的设计！ TC-1 使用的是 CR123A 型锂电池，这个电池在相机里还是比较占空间的，如果有现在手机的电池技术的话，我相信它还可以做得更小。TC-1 是一台优雅的相机，除了普通的香槟色钛版，还出过黑色限量版。但是美能达觉得这还不够，为了证明自己这支镜头的完美，美能达又推出了 500 支徕卡口的 28mm f/3.5 限量版镜头——好像很多日本厂家都这样，不和徕卡扯上点关系，

不足以证明自己的优秀，理光 GR 系列的镜头也这么干过。

　　TC-1 当年的售价高达一万元，堪比尼康专业单反相机。这真的太昂贵了，我身边很少有摄影师拥有这台袖珍专业相机。对于美能达公司来说，这台相机的销量也没有达到预期，昂贵的价格应该是主因。

　　由于 TC-1 的设计过于追求小巧、精密，所以它的故障率还挺高的，它的镜头和机身之间的软排线比较脆弱，经常使用很容易损坏，这也是那个时代电子袖珍相机的通病。好在现在国内给 TC-1 更换排线已经是非常成熟的技术了，坏了也不太可怕。

　　我觉得 TC-1 是非常令人难忘的个性机型。但是世事无常，美能达蓝色 LOGO 上的太阳就像落日的余晖照耀在 TC-1 的身上，预言了属于美能达的时代的逝去。

尼康 35Ti/28Ti

谁说直男不懂文艺

作为尼康单反相机的粉丝,在1993年,年轻的我并不太理解这个产品推出的意义究竟是什么,因为当年它的售价很高(125,000日元),我觉得花这钱当然是买台单反相机才够值嘛!

汤圆 / 供图

Ti 表示这是一台使用了钛合金的相机,20世纪90年代使用钛合金做相机是非常尖端、时髦、高科技的事情——不过这两台相机其实只是使用的钛涂层而已。

尼康推出的是"双胞胎"机型,一台配备28mm镜头,一台配备35mm镜头,这两款相机其实卖得也都并不是很好,还是那个原因——不便宜!

这两台相机有非常精细的自动对焦系统,并且还配有 TTL 闪光灯和尼康当时引以为傲的 3D 矩阵测光系统,这在当年都是很炫的功能。机顶配备了日本精工制作的指针式参数表,从顶部向下看,这相机优美至极。但这个十分惊艳的指针系统也很容易损坏,很多发烧友购买它们大多是为了看指针转动的效果和表盘橙色的灯光。

它们的镜头成像素质还是不错的,但是和徕卡的镜头相比,由于尼康过度追求边缘效应,导致画面感觉比较干涩——不过谁会真的用这两台相机去拍照片呢?买它们的人大概都是为了颜值吧。

它们发布于尼康如日中天的时期,它们也是尼康最不缺弹药的时期用来炫技的一个产品,尼康自己大概也不在意它们销售得是好是坏,能不能赚钱。

这两台相机是尼康这个"钢铁直男"一样的品牌,为数不多的颜值取向产品,展现了一次文艺气质。但它们最终也和数码时代发布的尼康 DF 相机一样,叫好不叫座,昙花一现,完美地充当了花瓶的角色。

徕卡 CM

"明目张胆"的低调

我觉得徕卡 CM 是在徕卡推出了那台设计上完全"反人类"的 Minilux 袖珍相机后，终于开窍了，才做的升级版专业级袖珍相机。

徕卡 Minilux 是 CM 的前身，无论是黄豆大的取景器、闪光灯关闭按钮要按六次，还是自拍的设计、超厚的机身都令对其寄予厚望的摄影师心寒，唯一的吸引力就仅仅剩下相配的那颗 Summarit 40mm f/2.4 镜头了。当时的广告语"使用优质天然萤石精制而成，每小时降温一（摄氏）度，并经历一年的品质控制，才产生出毫无细纹或气泡的高品质光学玻璃镜片，表面再经低温蒸镀熏膜处理，使其忠实地呈现影像原貌，让色彩重现原有生命力……"不知道"毒"倒了多少发烧友。

徕卡 CM 上搭配的依旧是这支成像素质极其优秀且十分小巧的 40mm 镜头，带给人非常舒适、油润的画质，不仅是彩色照片，它在拍摄黑白照片时的表现也极其精彩，懂行的用它拍一次就会爱上它。毕竟在光学素质这件事上，徕卡还是相当硬气的。

徕卡在这支镜头上找到了画质和重量的平衡点。CM 机身背屏的操作也十分便捷，保证了摄影师对于摄影参数的掌握。同时，徕卡罕见地在除了限量版机器上做了多种配色的设计，为徕卡 CM 推出了六七种配色。机身除银色外还有香槟色，

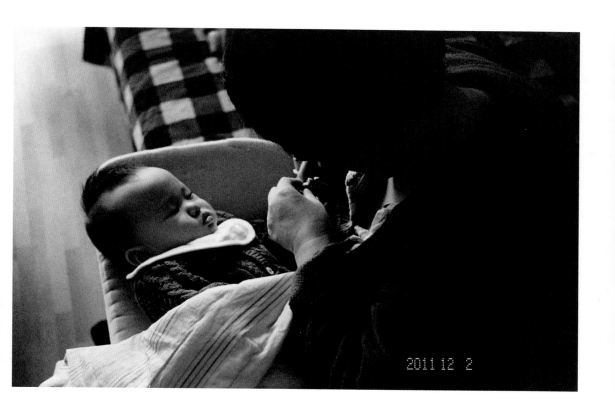

2011 12 2

　　并且可以搭配不同颜色的蒙皮，配合上徕卡 LOGO 带来的精致感使得这台相机无论是作为搭配衣服的"项链"，还是作为相机去拍照都十分优秀。

　　唯一的问题是它的对焦速度不尽如人意，作为专业袖珍相机而言，其实各个厂家产品的对焦速度都差不多。不过 CM 可以随时切换成手动对焦，而且操作起来相当好用。

　　可以说，CM 在各个方面都能超越当年所有的 PS 机（Point&Shoot 相机，也称为便携相机、傻瓜机）。当然价格也相当高昂，是我年轻时可望而不可即的昂贵产品。多年后，我在日本的相机店里再次看到它时终于忍不住将它收入囊中。如果你想要一台专业级便携相机，而且对成像素质有些追求，它是最好的选择。

2011 12 30

为何 20 世纪 80-90 年代
相机陆续推出 Ti 版

钛金属（Titanium）作为"太空时代"的标志，自打问世就带着"高大上"的光环。小时候，我感觉钛合金就是高不可攀的东西，比白金、黄金要珍贵多了。

不只我这么想，很多同龄朋友也是这么想的。照相机厂商也这么想过——既然这样，我要是顺应航天时代的大势所趋，出个钛合金外壳的相机，那还不被市场捧到上天去？

所以，20 世纪 80 年代之后，各相机厂商陆续都出过钛版的限量款相机、镜头，不过大多数只是涂层部分使用了钛金属而已。例如尼康 F3、FM2 系列都出过钛版（F3/T、FM2/T）。FM2 还有钛快门帘（钛帘儿）的机型，后来材料技术进步了，就用铝合金快门帘（俗称钢帘儿）了。FM2/T 钛版是外壳镀钛涂层，快门帘就不是钛金属做的了，因为钛帘儿更容易坏。而据我所知，尼康为了庆祝尼康相机诞生 50 周年而生产的纪念版机型 F5Ti 是把可拆卸取景器换成了实打实的钛合金材料。

当然，钛版相机也不都是限量版，尼康的钛版相机基本就是贵一些，生产数量少一些，但不限量，例如 FM2Ti，小型相机 35Ti、28Ti 都是这样。康泰克斯也是，G1、G2、S2 用的都是钛涂层，都不是钛合金的外壳。

徕卡作为昂贵相机的代表，怎么能错过这个高站位的机会？徕卡出了不少钛版相机，还有白金版等各种奇特的版本，比较新的、好看的就是 M9 钛，其外壳是由钛合金制作的，并且是完全重新设计的！外观好看，手感相当好，这样做才有出一台旁轴钛版的诚意呀！当然了，其价格也相当有诚意，比普通版翻了好几倍！要是"摆谱"，这款相机是非常适合的。

现在，钛金属已经不那么稀罕了，钛版相机的流行趋势渐渐消失了。百年有型是很好的理想，但对摄影师来说出片才是硬道理，把钛版相机就当个收藏、享受把玩的乐趣吧。

康泰克斯 T3

因成为"偶像同款"而身价倍增

纵使 T3 的人气高,最近成了"网红机",但是相比于徕卡 CM,明显差了那么一口气,而这口气也正是传奇与经典的区别。

康泰克斯(CONTAX,也叫作康泰时)T3 是个好机器,也是有点"打肿脸充胖子"的好机器。为什么这么说呢?主要是因为它被流量明星所谓的"同款效应"带火起来之后,二手市场上居然卖一万元左右。说实话,我觉得非常不值。

康泰克斯 T3 这台袖珍专业相机的外形十分精致、简洁,透着一种冰冷而无情的美,没有任何多余的部分,很有未来感。快门手感很好,蓝宝石玻璃的快门钮相当有格调。35mm 也是一个十分经典的焦段,6 片 4 组的 Sonnar 镜头也是蔡司的招牌产品。如果你是一位严肃的摄影师,你不会对它的拍摄质量有任何不满。在机身的对焦方面,它并没有特别值得夸耀的地方,它的对焦速度算不上迅猛,相对来说理光 GR1 的更快一些,更加适合街头抓拍。

但是,作为一个资深蔡司迷,在机身设计方面我也要吐槽两句。比如,它的机身表面过于光滑,特别是在夏天高强度拍摄时,手经常会出汗,这个过于光滑的机身拿起来很没有安全感。

冬天的 798 艺术区人很少，咖啡馆阴影里停放着一辆绿色的摩托，康奈克斯 T3 的蔡司镜头很好地还原了阴影里的冷调。

　　另外，康泰克斯 T3 的镜头位置很奇怪，放在了机身偏右侧的位置，占据了本来就不宽裕的握持空间——虽然这样的设计很有个性，不过我感觉并不是一个很实用的设计。诚然，康泰克斯 T3 的设计确实是贯彻了蔡司一贯的风格，但和它的变焦版本 TVS 相机相比，在操作的烦琐性带来的趣味性上还差了一些。长得也没有 TVS 相机那么复古。我认为更有康泰克斯传统外形风格的机器是 T2。

　　康泰克斯 T3 就像是一件饰物，其颜值和社交意义远远大于拍摄意义。我曾经有一台 T3，在仅收了 3000 块钱就把它卖掉的年代，并没有想到这台机器有朝一日会受到如此追捧……

禄莱 35 系列
文艺精神浸透骨髓的机械魔盒

如果说有一台最经典、小巧、文艺、精致得不像是照相机的照相机，又有着很长久的生产历史和极大的产量，还不贵！我想，这一定是禄莱 35 系列，没有之一。说它经典，首先因为其品牌名为Rolleiflex，中文翻译成"禄莱"或者"禄莱福来克斯"，这个翻译太妙了！信达雅！

Rollei 35 发布于 1966 年，搭配天塞结构的 40mm f/3.5 镜头。
Rollei B35 发布于 1969 年，为 Rollei 35 的普及型产品。
Rollei C35 发布于 1969 年，在 Rollei B35 的基础上取消了低速快门和测光系统。由于成色好的 RolleiC35 数量很少，也是收藏市场上很有人气的一款相机。
Rollei 35 Gold 发布于 1970 年，是禄莱创业 50 周年纪念版本，生产了约 1500 台。
Rollei 35S 发布于 1974 年，镜头改为松娜结构的 40mm f/2.8。
Rollei 35S Silver 发布于 1979 年，是面向收藏者的版本，相机饰皮改为银色。
Rollei 35S Gold 发布于 1980 年，是禄莱创业 60 周年纪念版本。
Rollei 35 Plation 发布于 1986 年，限量 444 台，相机饰皮改为淡茶色。
Rollei 35T 发布于 1976 年。
Rollei 35LED 发布于 1978 年，加入了 SPD（矽光二极管）测光表。
Rollei 35SE 发布于 1980 年。
Rollei 35TE 发布于 1980 年，测光机构改到取景器内部。
Rollei 35 Classic 发布于 1991 年，热靴移动到机顶部位，它是 Rollei 35S 的复刻版本。
Rollei 35 Royal 发布于 1996 年，是一个镀金的限量版。

　　禄莱 35S 机身正面的对称式拨盘、可以伸缩的镜头、利落清脆到令人听到就感觉精神抖擞的快门声，还有那个明亮且巨大的取景器——这些美妙精巧的设计都撩拨着发烧友们的心弦。它使用传统的大开背换卷方式，快门上弦后才可以收起镜头的设计又有点麻烦，而这样的"麻烦"细节却反而给发烧友带来了一种把玩机器的感觉，所有的烦琐步骤都带给把玩它的人强大的参与感和乐趣。

日本东京的圣诞节，我在咖啡馆里等朋友，拍摄了外面人流里举着牌子招揽客人的服务生。

　　当然，体积小也是要付出代价的，最大的代价就是小巧的体积导致机身没有多余的位置来装下复杂的黄斑联动对焦机构，所以这台机器只能进行手动估焦拍摄，这估计对很多业余摄影师和发烧友来说是一件非常困难的事。当然也有解决方案，可以购买一台黄斑测距仪，插在热靴上（机身底部）先对焦，再把得到的距离在镜头上调节好就可以了。这台机器还有个特点，就是它那独特的闪光灯放置方式，它的热靴在相机的底面！一眼看去显得很怪异，因为上面实在没地方了！还有它独特的左手过片方式无时无刻不提醒着我们，禄莱 35S 是一台十分独特且另类的机器。

　　如果你要进行一项严肃的拍摄，需要十分高的镜头素质，不用担心电池续航问题，还要有小巧的体积能够隐藏或者在狭小的环境拍摄，并且只可以携带一台相机，我相信很多摄影师都会选择它——禄莱 35S。

　　禄莱 35 系列的生产时间很长，早期在德国生产，后来为了降低成本改在新加坡进行生产。如果迷恋纯粹德国禄莱"血统"的话，找早期德产的禄莱 35 比较好。德产禄莱 35 是用铜作为生产顶和底的材料的。慢慢地，随着时间推移，这台相机的重量和用料都有所"改良"，作为"黄铜爱好者"，去找一台早期铜顶铜底的相机，算是一门必修课吧！

左图：伊丽莎白二世从年轻时就是一名摄影爱好者，从禄莱双反到徕卡 M3 再到禄莱 35，轻松玩转各种相机。图为 1982 年，伊丽莎白二世在澳大利亚和南太平洋之旅中带着禄莱 35 小型相机的金色限量版。

右上：日本东京，圣诞节的 Loft 商场门前，商业街上人潮涌动。

右下：喜欢胶片的摄影师的背包里少不了禄莱相机。尘 / 供图

　　这台小巧、精密、画质优异的相机，其实还颇具时尚感。它的颜值很高，此外还有海量的配件和颜色供你选择——无论你穿着任何衣服都有合适的相机可以匹配。如果你需要在一个高端的社交场合拿着照相机出现，相比携带一台专业的佳能或者尼康相机，禄莱 35 系列显然更有个性。

　　在颜值方面来说，确实是很少有相机可以和禄莱 35 系列相比。由于它经典、小巧、时尚而广受追捧，禄莱也没闲着，适时地推出了很多限量版产品。限量版的种类之多之复杂也是开创了纪录，但是这些限量版有个共同点，就是——真！好！看！

　　禄莱要是能把用在做限量版上的心都用在做普及型产品上，它肯定活得比现在舒服得多，但是一切都没有如果，现在的禄莱在广大影友的讨论中就只剩下缅怀和可惜可叹了。禄莱如果泉下有知，也得狠狠给自己几个嘴巴。

　　禄莱 35 系列有那么多相机，应该买哪台呢？若单从使用、拍片的角度来说，我建议购买禄莱 35 或者 35S。禄莱 35 使用的是天塞（Tessar）镜头，35S 使用的是蔡司 Sonnar 40mm f/2.8 镜头，拍出来的颜色十分浓郁。如果从收藏、装饰、时尚的角度来说就买限量版，现在 Classic 限量版只要 5000 块钱左右就可以买到不错的了。但是由于禄莱 35 系列限量版众多，也给了一些不良商家可乘之机，有些人自己做了一些所谓少见的限量版，千万擦亮眼睛。一般来说，购买白金的 Classic 版本就可以了。

　　比起相机，禄莱 35 更加像是一块精密的手表，一个优雅的工艺品。它虽然不是全能的相机，但确实是你绝对可以信任的相机。对了，很多名人也喜欢用禄莱 35，比较有名的一位是英国女王伊丽莎白二世，这是不是让你有个理由去试试它了？

Photo by Dust

柯尼卡巧思

宁静到极致还不够

柯尼卡巧思（Konica Hexar）于
1991 年推出，Hexar 在中国被翻译
成"巧思"。这个翻译非常棒。没有想
到啊，在单反相机横行的 20 世纪 90
年代，柯尼卡会推出巧思这么一款充
满个性的产品。但这也是可以理解的
事——柯尼卡毕竟是一家仅仅为了拍摄
女性效果好而专门研发一款"素肌美
人"胶卷的公司，还有什么产品是做
不出来的呢？

711/ 供图

坊间关于巧思这台相机有着太多的传说。其中最有名的就是当年这台相机的
设计师在发布会上说，"你怎么用徕卡的 35mm f/2 那支镜头，就怎么用巧思的
这支 35mm f/2 镜头吧，它们之间不会有任何区别……"这其实是一个传说，不
知道是不是真的这么说过。

这台机器体积很大，其实已经不能算是一台袖珍机了，你不太可能把它放进
在口袋里。让很多人不理解的是它的快门速度最快只到 1/250 秒，很多人会抱怨
不够快——尤其是白天阳光充足的时候，这意味着无法使用大光圈拍摄。不过我估
计这台相机的设计初衷就是在不充足的自然光或者昏暗的环境中拍摄吧。使用了一
段时间之后我发现这台相机在彩色胶片上的表现相比徕卡并没有十分出色，但是拍
摄黑白胶片的表现非常好。当年第一次用它拍摄后，我在暗房放出第一张照片时，
我真的惊呆了，细腻柔和的影调非常漂亮！

巧思的一个显著优点是它的快门声音十分小——当然这也是镜间快门的一个
特点。后期它还进化出一个静音版本，安静到你只能听到卷片的声音而听不到快门
的声音。机身上还有一个十分明亮又特别的带十字准星的取景器，具有视差校正功
能，使用起来十分便利。

上图：我女儿看到青岛商场外新布置的雕塑，好奇地研究着。

右上：在横店影视城剧组里，拍摄前各部门负责人都会来监视器这里看看效果，检查自己负责的部分。

右下：在横店影视城剧组里，片场楼下的房间里，我布置好了灯光，为马上进行的采访做好准备，一起等待演员。

　　就是这台相机让我明显地感到，日本相机在便利性的设计上已经远远甩开了以徕卡为代表的德国相机。但是，柯尼卡巧思诞生在单反相机横行扩张的年代，同时也是自动对焦镜头蓬勃发展的年代，虽然当时市场有些积极反响，但算不上十分火爆，反倒是后来进入数码时代后，这台相机再次火爆了起来。现在只需要花三五千块钱就可以有徕卡的体验，而且它还有强大的机身、迅速的自动对焦，让我感觉这笔钱花得非常值。但我最近从修理相机的师傅们那里得到了消息，近些年这些使用软排线的相机都到了生命周期——开始坏了，相信不久后，巧思也会迎来一波维修潮。排线问题是那个时代精巧的电子驱动相机的通病。这些电子器件在其厂家预想的生命周期内肯定没问题，但事实上胶片回潮和经典的设计使这些优秀的胶片相机普遍"超期服役"到今天，真正做到了"厂家都死了，经典机器还在"！所以，也确实到了该"生病"的时候了。

　　有趣的是，类似柯尼卡巧思这样的相机，厂家都觉得应该会抢走很多徕卡的用户，但是做得越是精巧，反而越是把自己的用户送到徕卡那里去。也许在一些徕卡迷看来，巧思十分巧妙而实用，但也只是通向徕卡的一个"中转站"吧。

徕卡 Q 系列
不像徕卡传统风格的"网红机"

徕卡 Q 系列相机让人爱恨交加，
也让我对其没有什么特别印象。
对我来说，有且只有 M 系列才是
徕卡，只有双影重叠的黄斑对焦
的才是徕卡，连 R 系列单反相机
都不算，何况 Q 系列呢？

过律 / 供图

2015 年，徕卡 Q（Typ116）上市，使用 2400 万像素全画幅传感器，镜头为不可更换式的 Summilux 28mm f/1.7，9 组 11 片光学结构，对焦距离 0.17 米。
2019 年，徕卡 Q2 上市，影像传感器提升为 4700 万像素。
2023 年，徕卡 Q3 上市，影像传感器提升为 6030 万像素。

虽然我觉得徕卡 Q 系列诞生在数码时代，不能算纯粹的徕卡，但是从生存现状和市场的角度来看，Q 系列对于徕卡的销售确实是起到了巨大帮助——它成功地拓宽了市场，吸引了数量空前的新客户、年轻客户，从这个方面看 Q 系列是异常成功的。

徕卡 Q 系列拿在手里的扎实程度非常不错。整体操控很舒服、方便，简洁明快的操作逻辑和界面非常友好，菜单设计也和 M 系列旁轴相机一脉相承，很简洁——徕卡的菜单反正就那么几页。自动对焦速度可以接受，尤其是 Q3 有了进一步提升，抓拍也很方便了。

徕卡 Q 系列上搭载的 Summilux 28mm f/1.7 镜头素质很不错，和徕卡的现行版旁轴镜头并没有太大差别，出片更清透一些，可能软件及光学调教的方向也更容易被新用户、年轻用户所接受。

我觉得徕卡 Q 系列的另一个特点是可以单手完成对焦和拍摄——就像所有自动便携相机一样。这一点对懒得学习手动对焦又需要徕卡这个标志的用户来说，就太合适了——因为没有技术的门槛，只有价格的门槛。

一个有趣的情况是，徕卡新相机的最大对手就是徕卡自己的老相机。对传统的徕卡用户来说，使用起来是否方便、快速或许并不是最重要的选项，但 Q 系列给新的徕卡用户带来了新选择。但从我收集的情况看，Q 系列好像并不是资深徕卡用户的首选项。另外，其售价可不便宜，比性能强悍的日系无反、微单的旗舰相机甚至还要贵，相信这是徕卡有意为之的一种市场分层策略。

对于我来说，如果只是考虑自动对焦和拍摄的便利、速度，以及和闪光灯的配合等因素，我会选择徕卡 SL 无反系列，二手 SL 机身搭配一支镜头的价格竟然和 Q 系列也差不太多，但实用性能和手感能够碾压 Q 系列了。

Q 系列更像是徕卡打算进行深度革新的探索机型，使用起来确实方便，但是如果真的有一天，徕卡去掉引以为傲的标志性的黄斑对焦，彻底微单化，我可能完全接受不了。所以，Q 系列这样十分特殊的徕卡相机，对我的吸引力以及在我心中的存在感，在整个徕卡系列中看都是比较弱的。很明显，Q 系列是顺应了当下时代需求的产品，但是能否成为经典就要留给时光来判断了。

蔡司 ZX1

蔡司总有"怪"想法

如果你有机会真的上手使用 ZX1，就会赞叹它的设计和它的气质。ZX1 虽然从市场情况看并不算是成功的产品，但是它对于相机的人机交互方面做出了有益的探索并取得了巨大的进步。

蔡司 ZX1 发布于 2018 年，这台相机内置了 Lightroom 软件。这是一台极富争议，素质极其优秀，又不合时宜的"小怪物"。蔡司作为一个光学大品牌一直都希望在制造相机的道路上能够有所建树。

蔡司的相机品牌叫康泰克斯（CONTAX），从历史来看，蔡司在相机上的探索相当惊人，一度是徕卡最大的竞争对手。蔡司生产的标志性相机还真不少，比如 1958 年出品的 CONTAREX 系列单反相机，大家更习惯叫它"牛眼"，这台相机设计得精美至极，镜头也是非常优秀；自动对焦的旁轴相机 CONTAX G2 特立独行；单反相机 RTS Ⅲ 机身的独门绝技——陶瓷真空吸附后背能够使胶片的平整度达到 135 胶片的理论极值；自动对焦的 CONTAX 645 是中画幅领域的巅峰作品，当年在高端时尚摄影和广告摄影中广泛使用，至今也是广受发烧友的追捧。

但是，事情就是这么奇怪！蔡司在民用相机领域的每一次努力都会让自己向着目标的反方向更进一步。2005 年年底，蔡司与日本京瓷公司合作的 CONTAX 品牌谢幕，我以为蔡司在相机上的梦想就此彻底破灭，但是时隔多年，蔡司石破天惊地发布了新相机 ZX1。

从相机的设计和参数上来看，这是一台对标徕卡 Q 的相机，外形十分前卫、简洁，相机的做工极其精良，表面采用了如同磨砂陶瓷般的金属加工工艺，手感上

贵州黄平老城里一家卖木炭的小店，老板正在为当天的生意做准备。

无出其右，我第一次握住它的时候，不禁感慨："蔡司就是蔡司，绝！"

ZX1 有一块硕大无比的屏幕——整个机背就完全是一块大屏幕，而且是弯曲的！ ZX1 搭载了安卓系统，操作起来感觉就像是平板电脑上装了一个专业级镜头，完全不同于市面上的日系相机，倒是十分接近哈苏 X 系统的操作逻辑。所以它的使用体验十分接近一台高级智能手机，年轻人会觉得完全没有陌生感，不用花时间读任何说明书，就可以顺畅地开始使用。很多"老摄影师"觉得和自己以往用单反相机的习惯不一样，自己不习惯的就是"垃圾"！况且很多摄影师没有实际用过 ZX1，只是凭产品图就得出这些结论，实在是有失公允。

蔡司甚至还想要为 ZX1 安装微信和 Lightroom 软件，但是软件的版权方却因为 ZX1 的市场占有率过低而拒绝了！这也让 ZX1 在内置社交媒体分享的道路上出师未捷身先死，可惜啊。

画质方面，我感觉 ZX1 机身上的 35mm 镜头应该算是目前市面上素质最好、各项性能指标堪称完美的 35mm 镜头了！这支镜头的 MTF 曲线又高又平——许只有一张桌子的心跳可以像它的 MTF 曲线一样平。

右上：贵州黄平一家做牌匾的老店。

右下：贵州黄平辣椒店里打理辣椒的一家人。

它的色彩表现异常出色，分辨率极高，反差非常现代，色彩油润，用可以满足你对于现代镜头的所有想象来形容它都不过分。即使徕卡的顶级产品 APO-Summicron-M 35mm f/2 ASPH 这样复消色差加非球面神镜，也就和 ZX1 的 35mm 镜头勉强打个平手。

对焦方面，我测试它的工程样机的时候，感觉自动对焦实在是很慢，后来正式版本机器发布的时候速度快了很多，和大多数同时期无反相机的速度相差无几，已经可以放心地当主力机了。

如此前卫的机身设计，如此优秀的光学素质，还有蔡司品牌的加持，应该说它的售价（发布时定价约 6000 美元）并不算特别离谱。

但是，蔡司极其缓慢的内部流程操作，让这台优秀的相机从发布消息到真正上市整整拖了两年多（2018 年 9 月在世界影像博览 Photokina 上发布，2020 年 10 月 29 日才上市），导致它上市时很多人都已经忘记蔡司要推出这样一台相机了。真正上市时，它的参数、性能在这个风起云涌、日新月异的相机市场上显得有一些过时了。

ZX1 这台饱含着蔡司对于相机所有激情与想象的梦幻机型，终于在它自己缓慢的步伐下黯然收场，这或许是蔡司在生产民用相机方面永远的诅咒吧。

如果你有机会真的上手使用 ZX1，就会赞叹它的设计和它的气质。ZX1 虽然从市场情况看并不算是成功的产品，但是它对于相机的人机交互方面做出了有益的探索并取得了巨大的进步。未来，蔡司相机会不会咸鱼翻身，我们可以拭目以待。

最初的观看

旁轴取景照相机群雄逐鹿的年代

19 世纪晚期到 20 世纪初，大画幅相机是主流的摄影器材，巨大的底片使得接触印相能够得到很高的影像素质，但是这样的木质座机个头都不小，能够用小型而高素质的照相机是很多摄影师的梦想，当时民间是有半格相机的（底片面积为 18mm×24mm），其中很多是电影导演和摄影师勘景用的。

35mm 柯达电影胶片在当时是相对便宜的影像载体解决方案。但是，半格相机不能满足从蔡司来到徕兹工作的工程师奥斯卡·巴纳克（Oskar Barnack，1879—1936）的"小底片、大画面"的想法，所以巴纳克开始自己动手，搓出了一台小型相机的雏形，他将这种勘景相机的像场面积扩大了一倍。到 1923 年，徕兹公司试制了 31 台样机，在内部摄影师朋友和工程师、公司高层摄影爱好者的试用中获得了不错的效果。1924年，这个方案才被提交到徕兹公司的董事会。最终，厄内斯特·徕兹二世力排众议，拍板决定投产。这一刻，命运的齿轮开始转动！巴纳克设定的以带齿孔的电影胶片横向使用，画面尺寸为 24mm×36mm 的画幅开始影响摄影历史，小巧、低调的巴纳克徕卡诞生了。从此，徕卡一步步登上自己都不曾想象的舞台，绽放光芒，并且摇摇摆摆地走过了百年历程，成为相机皇冠上最耀眼的一颗明珠。

巴纳克徕卡

徕卡初创传奇

"所有的创新都要经过三个阶段：首先，受到嘲笑；然后，遭到激烈的反对；最后，被理所当然地接受。"

——叔本华

梓冬 / 供图

巴纳克 I 型

Leica I 生产于 1925 年。

Leica I Schraubgewinde 生产于 1930 年，螺口可更换镜头。

巴纳克 II 型

Leica II 生产于 1932 年，配有联动测距系统。

巴纳克 III 型

Leica III 生产于 1933 年，增加了低速快门旋钮。

Leica III a 生产于 1935 年，配有 1/1000s 高速快门。

Leica III b 生产于 1938 年，对焦和取景机构更加紧凑。

Leica III c 生产于 1940 年，采用了压铸机身。

Leica III d 生产于 1940 年，增加了自拍机构。

Leica III f 生产于 1952 年，增加了闪光灯同步插口。

Leica III g 生产于 1957 年，配有更加明亮的取景器，并增加了视察矫正功能。

著名的"红帘徕卡"，据说红色的快门帘幕可以比黑帘更有效地遮挡阳光。生产数量稀少，很适合收藏。梓冬／供图

　　巴纳克徕卡，负责任地说，不管你喜欢或者不喜欢，它都是一个传奇。在徕卡的相机宇宙里有很多传奇，而作为第一代"封神榜"的始作俑者——巴纳克这个传奇当然是你不能够错过的。膜拜之前，首先让我介绍一下巴纳克系列相机的命名——它本来是按照字母顺序排序的，但是又分Ⅰ型、Ⅱ型、Ⅲ型，但其时间线又是交错发展的，最后合起来就变得比较难记，能清楚地讲出产品顺序，并且能认清产品的人都是高手。

　　最早的量产型号当然就是Ⅰ型，这台相机简单来说就是一个带有快门的盒子，无论是取景还是对焦都需要你自己购买配件。甚至Ⅰ型的早期型号连镜头都无法更换，再到后来可以更换镜头了，但是机身和镜头是匹配的，也就是说一个机身有其对应的镜头，其他非对应镜头是装不上的。再后来才变成统一可换镜头通用的螺口系统。

　　巴纳克Ⅱ型的机身内置了测距系统，这也就是后来徕卡十分传奇的黄斑联动测距系统，虽然当时的取景器和黄斑都只有绿豆大小，但有就总比没有强吧，毕竟方便了很多，不用估焦了，而且体积太大的取景器放在巴纳克机身上也不协调，小而美才是它的感觉。巴纳克Ⅱ型奠定了后来徕卡相机外观的基础——Ⅰ型的取景器是放在镜头轴线正上方的，Ⅱ型开始就放在了机身的左肩上，这就是一个真正意义

1856 年，英国人威廉·汤普森在多塞特郡水域尝试将相机安装在杆子上拍摄水下植物，由此开创了人类水下摄影的先河。在此后的漫长岁月里，摄影爱好者们尝试用各种方式记录下水下所见的奇异景色，其中便包括左图中的这位——他将一部徕卡相机安置在自己的潜水帽内，用牙齿代替双手来控制相机的快门。

上的旁轴设计了。这个设计使得冬天拍摄的时候，摄影师的哈气凝结在取景器上的影响小了一些。

我觉得Ⅲ型是真正完善了徕卡旁轴相机帝国版图的机型。后续的型号都是由它进化而来的，不过这也间接导致在它之后的各个型号，只看外形有些难以分辨了。对了，也是从Ⅲ型开始徕卡相机有了背带挂耳，摄影师终于可以方便地直接将相机挂在脖子上，而不需要装在额外的皮套里才能挂了。

从Ⅲa 开始，机身最高快门速度就从 1/500 秒升级为 1/1000 秒，快门速度的提高增加了它在明媚阳光下拍摄的更多可能性，这样的技术进步不是说那个年代无法做到，而是伴随着胶卷制造技术的提升而变化的，换句话说就是相机功能的发展与胶卷感光能力的发展是相辅相成的。Ⅲ型的机身正面还增加了一个独立的慢速快门调速盘，从1/20 秒到 T 门可选，这使得弱光拍摄的选择更多。这是Ⅲ型和Ⅱ型从正面看最主要的区别之一。

巴纳克Ⅲ型的黄斑对焦窗虽然只有黄豆粒大小，但是放大倍率却高达 1.5 倍，十分容易对焦。要知道后来的徕卡 M 机身的取景器放大倍率都是 0.72、0.82 倍，远不如巴纳克Ⅲ型的放大倍率大。我个人认为最漂亮最好用的巴纳克徕卡是Ⅲf——虽然现在很多人可能更喜欢Ⅲg，但我觉得Ⅲg 那个硕大的方形取景窗破坏了巴纳克机型顶部各个部件圆形开孔的设计语言，虽然硕大的取景窗使用更加方便，但是和周围圆形的开孔放在一起显得不是很协调。

巴纳克Ⅲc 是在第二次世界大战时期生产的，其中最为有名的是在"沙漠之狐"隆美尔要求下制造的红色快门帘幕版本，这一型号的巴纳克Ⅲc 是收藏市场上炙手可热的型号。不过受战争的影响，巴纳克Ⅲc 战时和战后的版本质量参差不齐，是徕卡历史上比较乱的时期。

巴纳克徕卡
黑漆与镍铜

　　因为烦琐的装卷方式带来的局限，使得很多人对于巴纳克徕卡都望而却步。但是，巴纳克徕卡却有很多的黑漆版本，这几乎是我们可以买到的最便宜的徕卡原厂黑漆相机！

　　近些年相机收藏市场上徕卡黑漆机型的价格一路狂飙，丧心病狂，已经不是普通徕卡粉丝敢于挑战的了。一台黑漆的 M3 可能需要 15 万元起步，而基本上只需要四五千元，就可以获得纯粹徕卡血统的巴纳克徕卡黑漆版本相机。亲民的价格，精巧的机械结构，帅气又优雅的外观设计，估计未来巴纳克徕卡会迎来一波涨价风潮，再次成为一款合格的"理财产品"。

　　但幸运的是，巴纳克徕卡的产量不小，随便一个型号的产量都是几万台起步。这里引用一下《大开眼界：百年徕卡》里统计的数据："截至 1931 年年底，全球已售出约 68,000 台徕卡相机，其中仅在 1931 年就售出了近 18,000 台，也就是全球经济危机那一年。徕卡相机当时售价为 230 马克，而到了 1932 年，其产量达到了顶峰状态，新推出的徕卡 II 型相机的产量高达 22,000 台，超过了徕卡 I 型相机产量的五倍。"这是真正的卖方市场，其销售水平在当时基本上可以算爆品。所以，购买一台黑漆版本的巴纳克徕卡是你抚摸黑漆徕卡的绝佳选项。

　　现在的胶卷售价高昂，巴纳克精巧又麻烦的机械结构带来的"慢"反而让巴纳克徕卡显得极其优雅且性价比很高。

　　巴纳克的黑漆机身大多配的是镍铜部件，速度盘、快门、卷片旋钮、倒片旋钮，以及镜头外观都是镍铜的，这会呈现一种深香槟色，很漂亮，缺点是镍铜镀层比较软，容易磨损，成色完美的不多见。镀镍铜的镜头这些年价格也是飞涨，配一套满意的也不便宜。而更少见的是，有的巴纳克徕卡的配件是银铬的，为数不多，在最后期出现过，如果见到可以考虑收入囊中。银铬的镀层就比镍铜的结实很多，不容易磨损，银光闪闪的也很好看，并且银铬镜头的选择也比较多，也是一种很不错的玩法。

　　时间的车轮向前飞奔，徕卡也在不断地做着革新，经典又浪漫的巴纳克时代随着 1954 年徕卡 M3 的上市一去不复返了。

巴纳克 Ia（No.477），FODIS 长基小盘测
距仪（No.253），FOKIN 长基大盘测距仪
（No.1051）。梓冬 / 供图

徕卡 M3

确立徕卡 M 旁轴系统的审美标准

享受"大师附体的拍摄感觉"。标准镜头与 M3 机身是绝配，如果你喜欢 50mm 以上的镜头，M3 是取景最舒服的旁轴机器。因为可以睁着双眼取景对焦，享受钢铁侠一样的"HUD"抬头显示效果。

莫高 / 供图

Leica M3 生产于 1954—1966 年，1954 年发布于德国 FotoKina 博览会，共生产了 22.5 万台。
Leica MP 生产于 1960 年前后。

　　我觉得 M3 是每个徕卡迷都要拥有的一台机器，你喜不喜欢用都不重要，这是一台必须要拥有的徕卡旁轴相机。M3 是徕卡 20 世纪 50 年代推出的转折性产品，让徕卡的命运列车从此驶向了新的方向。

　　我第一次摸到徕卡 M3 的时候感觉这机器太老气了，所以年轻的时候我对徕卡 M3 并没有什么兴趣，当年我的梦想是有朝一日如果有钱了，一定买一套尼康。徕卡？别闹了！这么老气的相机，看着也一点儿都不先进。

　　十几年后，当我拥有了自己的第一台徕卡的时候，我仍然不喜欢 M3。M3 的过片扳手看起来一点也不时髦，倒片旋钮也不够方便。当时我的目标是买一台徕卡 M6。但是使用徕卡的年头多了，使用过的徕卡机型也多了，最终我的目光还是投向了徕卡 M3。所以我一直说，M3 是徕卡 M 系列的起点，也是使用徕卡相机的终点。每次拿起这台相机，似乎就有一种大师附体的感觉，心中总有个声音在督促："要努力好好拍啊，这可是无数大师使用过的机器。"

　　20 世纪 50—80 年代，各个相机品牌都生产旁轴相机，比如康泰克斯、福伦达等。但是从徕卡 M3 发布开始，旁轴相机就被划分成了两种：徕卡和其他。徕卡的旁轴相机慢慢地变成了一个独立的存在，今天我们提到旁轴相机几乎就等于在说徕卡。

徕卡最早量产的旁轴机型是巴纳克系列。巴纳克徕卡小巧且精致，是 20 世纪 20—30 年代照相机当中绝对的精品。巴纳克徕卡无疑是非常优雅的一台相机，但是换胶卷几乎不可能站在马路上迅速搞定，基本上得坐到咖啡馆里——慢慢地搓着倒片钮，因为搓快了手疼，还要慢慢地打开底盖，不要把它叼在嘴里，而是放在桌子上，慢慢地把新胶卷的片头剪好，小心地塞进片轴，放进机身片仓，再慢慢地搓动上卷，盖上底盖，然后不要忘记把计数器复位到 0……

这些烦琐的步骤一步也不能乱，想不优雅也做不到。可是，小巧的徕卡潜藏在血液里的街拍基因正在沸腾，记者们愿意优雅，新闻可不等你，所以更快更高更强的相机，就被徕卡公司提上了设计日程。

巴纳克先生一直致力于提升巴纳克相机的性能，不断改进，但是他的身体一直不太好，最后于 1936 年去世，加上战争的影响，徕卡公司未来的巴纳克Ⅳ型的开发计划就此搁置下来。这一搁置就是十几年，后来一直到战后的 1952 年，市场竞争开始激烈，各家开始大展身手。徕卡全面更新计划早在 20 世纪 40 年代后期就重新启动了。最后在 1954 年，石破天惊的徕卡 M3 问世，近乎完美的旁轴体系开始确立，就此拉开徕卡帝国的宏伟蓝图。

徕卡公司最早自己也没有想到 M3 会引起这么巨大的轰动，甚至在 M3 生产的初期还同时在生产巴纳克型号的相机。但是徕卡 M3 凭借优秀的外观设计和性能，引起了摄影界巨大的震动。相比之前的巴纳克机型，徕卡 M3 的操作更加方便，加工工艺也更精细。可以说 M3 是徕卡公司多年技术积累的结晶，也是整个相机工业的智慧结晶。M3 平整简洁的顶盖带来了很好的一体感，使用的便利性与设计上的美感俱佳，更重要的是这样的机身设计一直延续到徕卡今天的 M 系列旁轴相机上，早已变成了徕卡的灵魂。

据说最早的徕卡 M3 顶盖前部的取景窗、测距窗的设计也是全平的，和现在的机型一样。但是徕卡的老板（厄内斯特·徕兹二世和他的儿子路德维希·徕兹二世）感觉纯平的前脸设计不够凸显 M3 的高级定位，于是让设计师加上了所谓的飘窗设计。现在看来，M3 前部凸起的三个小窗框确实赋予了 M3 独特的美感，成为让徕卡粉丝魂牵梦绕的设计。

相对于更早的巴纳克机型，M3 新的设计确实让相机变得更好用了。首先 M3 有了一个硕大、明亮的取景器，真的是大！这带给了从巴纳克时代过来的摄影师一种从石库门小阁楼搬进大落地窗别墅的感觉。这感觉就像《桃花源记》中写的，"初极狭，才通人。复行数十步，豁然开朗。"取景器的放大倍率是 0.92，几乎和人眼没有倍率差别，所以使用 50mm 镜头感受极佳。用右眼取景对焦时左眼也可以睁着，感觉眼睛里悬浮着一个 50mm 取景线框，太舒服了！这种独特的拍摄方式只有 M3 有，这也是很多徕卡用户对它有执念的原因之一，同时也是旁轴相机的重要优势。

另外，徕卡 M3 将取景和黄斑对焦系统放到了同一个画面里，终于不需要来回挪

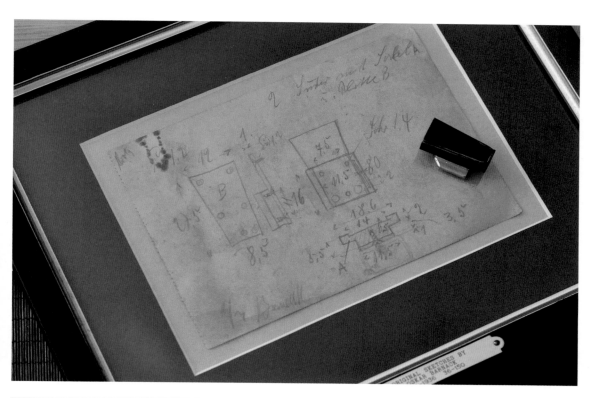

动眼睛了，这是"眼睛的一小步，旁轴相机的一大步！"这个设计并不是徕卡首创的，但是徕卡把它做到了极其好用又舒服的程度，好到这么多年都基本不需要改良。徕卡M3还创新性地设置了可变取景框线拨杆，这在当时算是一个巨大的创新。今天如果徕卡M相机没有了这个拨杆，徕卡用户将会寝食难安。这个切换取景框线的拨杆是坚固耐用的徕卡相机上一个相对脆弱的部分。徕卡在数码相机大M（Type 240）机型上取消了这个拨杆，摘掉了这个如同金刚一般的相机上唯一的软肋，但用户们并不接受这样的革新，纷纷表示没有了软肋的金刚还是金刚吗？

我之前曾经说过，徕卡相机最大的竞争对手就是徕卡自己的老机器，这导致徕卡相机的设计至今很少做出什么革新性的改变——不是徕卡公司不想做出改变，而是一旦做出了大的变动就会遭受来自老用户、徕卡迷的口诛笔伐。徕卡M机身上的每一颗螺丝、每一个拨盘的变化都被拥趸认为是形成一个新的版本，进而成为江湖的传奇。M3奠定了徕卡旁轴相机未来的外观审美标准，影响了一代又一代的徕卡用户，几乎已经到了不可撼动的地步，谁胆敢改变这种外观设计必然会被群起而攻之！所以一直到如今还在生产的MP和MA胶片相机，都只是在外观上做一些细节的修改。

当然，徕卡也曾经做出一些变革性的设计，尝试生产过特立独行的M5，市场也用十分惨淡的销量给了徕卡一记响亮的耳光。因此，我们也可以说M3是最经典、最漂亮的徕卡相机，它累计超过22万台的销量也从侧面证明了这台相机的被认可程度。

M3在它漫长的生产历程中也对机身的功能设计做出过一些细微改进。例如从最早继承自巴纳克机型的装片方式到后期的快速装片机构；早期为了防止快速过片而带来静电在底片上曝光而采用的二次过片方案——双拨，改进为后期的单次过片设计等。快速上片和单拨设计带来了使用上的便利，双拨设计又可以带给用户更多趣味性。M3的过片是极其舒服的，江湖上有人形容"就像冬天光着脚丫，滑进丝绸做成的拖鞋一样顺滑"……如果严格要求的话只有双拨早期版本才是这个形容的完美演绎。这些设计都是徕卡根据用户需求不断做出调整的证明。

当然了，M3之所以成为经典，只是长得漂亮那是不够的，重要的是它在相机设计上的很多革新影响了整个相机行业，可以说它确立了徕卡M旁轴系统的审美标准。除了近乎完美的取景对焦系统，过片的改良也使得快速拍摄得以实现。巴纳克徕卡用手指拧着360度过片的效率就是低，M3将过片改为了用大拇指的过片扳手设计，大拇指向右滑动不到180度就可以顺滑地完成过片，这个设计确立了过片扳手的江湖地位——在此之后，所有相机都纷纷改为这样的过片设计，单从这点就足以看出它的革命性！

M3的快门释放钮改为和过片扳手同轴，比巴纳克徕卡右肩偏后的位置更符合人体工程学，这个设计也一直延续至今。计数器也藏到顶盖内部，开启后盖自动复位到0。后背也从巴纳克的一体封闭式改为压片板掀背式，装片效率和成功率得到了极大的提升。M3的做工是极其精良的，零件数量比巴纳克增加了很多，快门声音也更加柔和宁静，在普通生活环境中根本听不到。单反相机在快门时滞和声音安静程度上从来不敢和徕卡比。

67 页上图：奥斯卡·巴纳克为徕卡巴纳克相机设计的 35mm 独立取景器的手稿，而这张设计图上放着的就是 WEISU 35mm 黑漆取景器。强哥 / 供图

67 页下图：M3 的颜值吸引着无数粉丝，复古的气质无机可敌！两个女娃的老爸 / 供图

右图：1982 年 5 月，在英国皇家温莎马展上，伊丽莎白二世戴着头巾，准备用徕卡 M3 相机拍照。Bob Thomas/ 摄

　　徕卡 M3 的售价在当年是比较昂贵的，超过 300 马克，在当时绝对可以买辆汽车了。但是它的昂贵并不完全体现在性能参数上，它的很多参数指标在同年代其他品牌的相机上也都可以见到，更多的是体现在它的稳定性和均衡性上。这才是徕卡屹立不倒的关键所在——制造于 20 世纪 50 年代的徕卡 M3 在今天的二手市场上仍旧可以看到大把正常工作的机器，但同时代的其他相机很多都已经无法正常工作了。整体来说，M3 在操控上的革新才是成功的根本。明明可以靠颜值，但人家就是靠实力征服了摄影师。

　　徕卡 M3 基本全是银色的，银光闪闪的镀铬涂层十分坚固，推出至今已经有六七十年的时间了，但市面上的二手 M3 看起来成色很新的可不少。除了普通的镀铬版本，徕卡响应了新闻摄影师以及战地摄影师的要求，推出了极少量的黑漆版本 M3 相机，黑色的漆面可以让摄影师在街头和战场上变得不那么容易被察觉，现在，黑漆版本的 M3 十分昂贵，价格是一台普通镀铬版本 M3 的数十倍。黑漆的机身除了拍摄时不容易被察觉，当黑漆的漆面掉落后露出内部的黄铜机身而呈现出的"沧桑感"也受到徕卡粉丝的追捧——对其他品牌的相机来说，掉漆意味着老旧和掉价，但对于徕卡用户来说，似乎更是对摄影师身份的一种证明，是徕卡的摄影精神的传承。只有徕卡可以让掉漆从产品质量问题变成一种格调！

　　没有用过 M3 的人生是不完整的。M3 开启了 M 旁轴相机的新纪元，是 M 口的鼻祖，理所当然是 M 旁轴系统的里程碑，但是没想到，它的过于完美也带来了一个"终点效应"——让后面的 M 旁轴相机难以超越。

徕卡 M2、M4、M5
简化、进化与探索之路

M3 大获成功后，徕卡在 1958 年推出简化版 M2，在 1959 年推出 M1，但 M1 没有联动测距机构、自拍机和亮框取景线。M4 很容易被徕卡迷忽视，但 M4 对 M 系统的设计和后来的更大成功做出了重要贡献。M5 则是徕卡败走麦城的代表。

罐头 / 供图

徕卡 M2：M3 的简化与进化

徕卡 M2 生产于 1958—1967 年，取景器中增加了 35mm 框线，取景放大倍率由 M3 的 0.92 变为 0.72。徕卡 M2 普通版的产量很大，价格并不贵。但是黑漆版 M2 价格十分高昂，几乎卖到了 10 万元以上。徕卡 M2 最大的特点就是它的胶卷计数器和快门以及过片是集成在同一个轴上的，但是它的计数器并不能自动归零，所以徕卡 M2 算是 M3 的简化版。

当然了，这个不能自动归零的计数器也增加了一些把玩的乐趣，每次拍摄完拨动计数器归零，听着齿轮发出的咔咔声，感觉十分惬意。徕卡 M2 相对来说是很实用的型号，只需要花相对低的价格就可以体验到不错的把玩乐趣。

徕卡 M2 提供了 35mm 取景框线，使用起来十分便利，不像 M3 要用比 50mm 更广的镜头就必须使用眼镜版镜头了。可以说 M3 就是为了 50mm 标准镜头设计的，而徕卡真正向着广角进行扩展是从 M2 开始的。如果你喜欢 35mm 镜头，可能会十分喜欢 M2。

M4——越好用越被嫌弃

Leica M4 发布于 1967 年。

Leica M4 MOT 发布于 1967 年。

Leica M4-2 发布于 1977 年。

Leica M4-P 发布于 1981 年，在 M4-2 基础上增加了 28mm 框线。

  徕卡 M4 是一个小改款的型号，这种缝缝补补的小改款型号当然没有 M3 经典。M4 本身也推出过很多改款型号，例如 M4-2、M4-P。所以"Mark II"这种命名方式并不是佳能首创的，佳能也是学习了徕卡的命名方式。

  M4 把 M3 的弧形过片扳手改为折角，外形更加硬朗，还加入了塑料做的预备角，这个设计让过片变得更加舒适。但当时很多徕卡粉丝表示："塑料？怎么能用塑料！真是大逆不道……"其实，后来 M6 沿用了这个塑料零件，就说明了预备角这个设计的合理性。

  M4 系列当年饱受争议的设计是倒片的部分，巴纳克徕卡和 M3 都是用手指拧，虽然优雅但是真的慢，冬天拧得手生疼，感觉要脱皮，而 M4 将这个手拧钮改为了手摇扳手，角度倾斜 45 度，这样用起来其实又轻快又方便，可是当时有大批用户觉得这个设计太难看了——为啥歪着肩膀？不行！所以后来 M6 的限量版 M6J 等，还是变回了 M3 一样的手拧旋钮式设计。

  徕卡 M4-P 则加入了 28mm 镜头的取景框线。虽然说在取景器里可以看到 28mm 镜头视角这种事在单反相机上完全不稀奇——不对，应该说看不到才稀奇吧，但是在徕卡旁轴相机上来说，这算得上是开天辟地的事情了。

  我是不太喜欢徕卡 M4-P 的，就因为它竟然把徕卡的 LOGO 放在了机身握柄的地方，又大又奇怪，当你手握机身时正好会挡住 LOGO，这实在算不上一个很好的设计。M4-P 确实让徕卡机身变得更加好用了——过片扳手的预备角，28mm 镜头取景框线，还有从 M4 开始的"斜肩膀"倒片扳手，这些设计都延续在后来的 M 机身上。

  现在黑漆 M4 的市场价格相对黑漆 M3、M2 来说不是非常贵——当然和以前相比价格是涨了不少的。黑漆徕卡的市场十分复杂，可以说"水很深"。黑漆徕卡是一个独特的存在，主要是因为涉及各种利益。在巨大的利益面前，"聪明"的人们一次又一次突破了技术的壁垒，超越了做人的底线，任何造假上的困难都是可以挑战一下的，我就见到过各种"黑漆 M4"，好在"贫穷使我理智"。

M5——市场惨败的"饭盒"

  徕卡 M5 发布于 1971 年，第一次加入了内置测光表。徕卡 M5——不光是我，也是很多人最无法接受的徕卡相机！客观地说，M5 是一台很好用的徕卡相机，它是徕卡最想转型时做出的创新产品，只是步子迈得太大，差点就把自己搞破产！

过律 / 供图

1972 年，同时期的日本公司已经开始大面积研发、应用了机内测光技术，徕卡着急了，但是由于 70 年代初的电子技术，很多电子零件都体积很大，于是 M5 的机身被设计得巨大无比，十分结实，CdS 测光虽然使用起来非常方便，但是巨大的机身和"违背祖训"的设计语言被徕卡用户嘲笑成"饭盒"——就是我们小时候大家常用的那种铝饭盒再挂上个链子。所以这台相机遭遇了巨大的失败。

它无法打动我的，也是我最无法接受的就是它的样子，要知道很多摄影师对于相机的颜值也有着苛刻的要求。M5 想要用新颖的外观设计和优秀的操作逻辑来讨好所有的摄影师，结果确实两头不讨好。唯一值得肯定的是它对于相机内置测光的探索。

Sun/ 供图

徕卡 M6
忍辱负重救徕卡于危亡

M6 是我的第一台徕卡旁轴相机，是我使用时间最长的徕卡相机，也是我最喜欢的相机之一。M6 并不完美，但我觉得 M6 堪称经典。

711/ 供图

Leica M6 发布于 1984 年，1992 年停产，采用内置 LED 测光显示。1986 年，第一次出现"可乐标"。
Leica M6 TTL 发布于 1998 年，增加了 TTL 闪光。

　　M6 诞生于徕卡乃至旁轴相机最危险的时刻，它横空出世，力挽狂澜，让徕卡和旁轴相机在那个艰难的单反相机一统江湖的时代存活下来。就单单这一点，M6 就是徕卡相机绝对的功臣，更何况约瑟夫·寇德卡等大神用的就是徕卡 M6，谁还能有什么话说呢？

　　M6 比较大的改变是使用了锌合金顶盖而不再沿用铜制顶盖。这使得相机重量得到了减轻，相对于 M3、M4 也更加耐腐蚀，但这个设计也让喜欢黑漆露铜沧桑感的铁粉觉得无比遗憾。

　　综合来看，M6 是一台非常容易上手的徕卡相机，机内唯一的电子元件就是它的测光系统，需要使用一颗纽扣电池。不过这颗纽扣电池可以供电一两年，如此强悍的耐用度应该说算是一个优点。

　　M6 方便易用，性能稳定，内置测光，使用广角镜头也很方便，有三种取景倍率可供选择，市场保有量大，维修很方便——这分明是徕卡优点的集大成者嘛！

　　不足的方面是 M6 的黄斑联动对焦机构没有 M3 的那么完美（成本那么高），设计的微小改变导致在某个特定的角度、特定的光照下可能产生炫光。M6 的另一个大问题是顶盖很容易起泡，起泡的漆面也将"德国精密加工"的神话戳破了。可别以为这只是个相机材料、加工的问题，要知道当你拿着一台漆面起泡了的 M6 去拍摄时，心里总是有个声音在说："今天这片子没德味儿啊！"

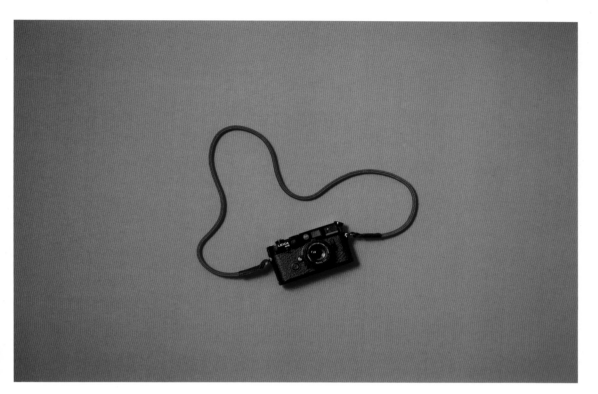

　　如果是新人准备开始入门徕卡旁轴相机，我非常推荐第一台相机就选择徕卡M6。我当年就是这么做的。为什么呢？M6 在徕卡相机宇宙中是个相对物美价廉的产品，它的生产数量很大，持续时间很长（1986—2003），在二手市场上保有量大，不是太贵，很容易购买到成色非常不错的机器，相对不容易踩坑，还带可乐标！徕卡 M6 当年的广告十分吸引我的一点就是它的过片扳手顶端的预备角，真正上手后，感觉它那个刚刚好的微妙角度确实带给我十分美妙的过片手感。

　　2022 年，徕卡官方复刻了 M6，标志用的是最早的"Leitz"（徕兹），挺酷的，我们又可以买到全新的 M6 了！漆面很明显和老款 M6 有着很大的区别。可以被复刻的产品必然是一代经典，对吧。

　　我想，对于一名摄影师来说，他的照相机不应该是一个被锁在保险柜里的物件。M6 不是个好的"理财产品"，摄影师也不该是器材保管员或者投资人。我觉得相机最好的命运应该是在某次拍摄后快门卡住不动或者坠入山涧，而不是躺在精致的、恒温恒湿的防潮柜里等着被主人卖出一个好价钱。

北京五道口，徕卡 M6 拍摄。

　　M6 还有一个特别好玩的特点，就是徕卡出了无数的纪念版 M6。有国家国庆了，出一台；哪位王子、公主结婚了，出一台；谁 80 大寿了，出一台；纪念哪个历史学会百年庆典，出一台——这要是结婚的那二位离婚了，可怎么办啊！不过话说回来，M6 的各种纪念版、限量版的做工可是比普通版好多了。

　　不管怎么说，M6 在那个人文摄影、报道摄影方兴未艾的年代，成为国内外很多摄影师的梦中情机，很多传奇摄影师也都用它拍出了自己的名作——马格南图片社的鼎盛时期也就是 M6 的鼎盛时期，很多中国的摄影大师也用 M6，例如侯登科、吴家林等。很多电影中也出现了徕卡 M6，例如《血钻》《间谍游戏》等。被大师使用，以实用而流传，大概就是 M6 对自己的传奇的最好证明吧。

黑漆魅力

　　徕卡的黑漆相机是一个非常特殊的存在。它的所有"常规套路"——主要是指价值体系认定，和同类相机比，经常是反着的。比如说，其他相机都在追求革新、变化，唯独徕卡，只要一变就被粉丝骂——参见 M5 的遭遇。

　　就连外观涂层也是一样，别的相机掉漆了，叫作"旧"；徕卡黑漆，掉漆了，露出黄铜，被徕卡迷称作"黑金"，叫作岁月感和积淀。所以这个现象是一个综合现象，包含了心理、收藏、实用、调性等元素在内。

　　但是不可否认的是，对于黑漆来说，徕卡迷的认知也是有历史局限和发展的。比如 20 世纪 80—90 年代，国内就对黑漆没什么概念。我年轻的时候，开始知道徕卡，就会去赵登禹路今日汇丰的柜台，看玻璃柜里摆着的徕卡相机。用现在的话说，叫作"种草"。

　　人家柜台的售货员就说："你要买啊，就买这银色的 M6，黑色的还是差点。"因为银色的机身用的是镀铬工艺，即使用了很久也是银亮如新。早年间福伦达至尊、蔡司伊康等相机都用这个工艺，七八十年后还是亮闪闪的。

　　好几年后，我在街上拍摄的时候，看见一个经验丰富的老摄影师，脖子上挂着一台徕卡，破破烂烂，都掉漆了，我就问他："老哥，你这相机怎么回事啊，掉漆这么厉害。"人家说："这叫黑漆徕卡！"那是我第一次听见"黑漆"这个词。

　　现在，原厂黑漆的徕卡相机，价格都飞到太空去了。一台黑漆 M3，要三十多万元，M4 要七八万元，M6 也要十几万元。其实徕卡很早就有黑漆工艺，比如巴纳克"黑漆与镍铜"（详见 061 页）。20 世纪 30—50 年代，还没有工业化喷漆操作，那都是日耳曼大叔一刷子一刷子刷出来的，刷很多层才能达到合适的厚度，就跟中国的漆器一样。而且不是直接刷黑漆，而是先在金属铜上刷底漆，再刷很多层黑漆。所以如果用得多了，在边角处就会露出黄铜。

　　在徕卡 M3 发布的 20 世纪 50 年代，镀银铬是主流工艺，漂亮，高档。于是银铬就成为一个特别流行的外观，而且和徕卡文质彬彬的小皮套一搭，漂亮极了，那时候 M3 是很贵的，普通人是买不起的，属于奢侈品。

　　从 20 世纪 40 年代开始，摄影以前所未有的速度扩张和发展，而其中一个重要领域就是新闻和报道领域，从摄影历史的角度讲，20 世纪后半叶被称作报道摄影的黄金年代。所以那时候很多记者都会使用旁轴相机，以及后来更便宜和便捷的单反相机。在这部分摄影师里诞生了不少大师级别的摄影家，大家耳熟能详的就是马格南图片社的创立者布列松、乔治·罗杰、大卫·西蒙和罗伯特·卡帕。这些记者更愿意使用黑色相机，以便在采访和拍摄的时候保持隐蔽和低调，所以很多记者

会用黑色胶带遮盖住反光的部分。徕卡后来专门为记者推出了黑漆的机身，购买时要求登记名字、媒体、住址。等到了越战时期，单反相机成为记者使用的主流器材，这些旁轴相机慢慢地被单反相机替代后，流落到了市场上，逐渐成为收藏市场的抢手货，因为数量稀少。

现在从把玩、收藏的角度来说，黑漆分为原厂老黑漆、新黑漆、后置黑漆等几种类型。黑漆的工艺、用料、配方其实在几十年的发展过程中是有变化的，不同的师傅，不同的年头，刷黑漆的感觉都有区别。老黑漆多为亚光的质感，随着使用的增多会有包浆感，从而带来光泽感，但是在平整度方面不如原厂的新黑漆平面光滑，尤其是刻字的部分，可以感受到厚度和凹凸感。比如说 MP 用的都是钢琴漆，刻字的凹陷感也不强，新黑漆整体上更亮、更平滑一些。

后来很多人喜欢黑漆的感觉，又不方便买原厂的黑漆相机，于是催生出来一门手艺、生意，就是改漆。江湖上出现了很多改漆的高手，比如日本的"关东漆"，它是徕卡官方都认可的一家改漆店，价格昂贵。日本还有一家改漆店叫高桥，兄弟开店，手艺也不错。国内近几年也涌现出了质量上乘的改漆店。

如果入手原版黑漆相机的话，推荐 M4。现在 M2、M3、M4 这三款黑漆相机中 M4 价格最便宜，但一定注意，M4-2 和 M4-P 是没有黑漆版的。徕卡黑漆相机的魅力就在这，它有无数的细节的变化，很多时候真的要在现场摆着好多台，用眼睛盯着仔细看才有所体会。老黑漆之所以迷人，是因为它的使用者——战地记者和一些摄影大师真的拿这款相机去拍了很多东西，相机上留下了很多岁月的痕迹，这个痕迹传承下来，握着它想象着它是这么多优秀的摄影师使用过的，感觉自己也要成为优秀摄影师中的一份子了。另外黑漆露铜这种沧桑的美感，就像文物上的包浆一样，是岁月的痕迹，有一种跨时空的互动的感觉，这才是最动人心魄的魅力。

左上：徕卡粉丝对黑色有着无比的狂热，换黑色可乐标也是手段之一。这支国产镜头也是黑漆版，就是为了黑漆粉丝定向设计的。云 / 供图

左下：黑漆 M2 在历任摄影师手里经过常年的拍摄，呈现出黑漆露铜效果，诉说着岁月的沧桑。莫高 / 供图

至尊系列旁轴相机

福伦达 300 年的雄心

我们聊到旁轴相机的历史，怎么可以避开福伦达呢？福伦达是一个有着 300 年历史的企业，徕卡要是和福伦达比起来都显得太过年轻，但福伦达的最终结局也说明了一点——光是活得足够久，还是不够的。

Prominent（至尊）发布于 1933 年，6×9 画幅。在日本，这台相机被称为"花魁"。

Prominent 35 发布于 1952 年，后来生产了将旋钮式卷片改为手柄式卷片的 Prominent 35 Ia 型。

Prominent 35 Ⅱ发布于 1958 年，是 Prominent Ia 的改良型，生产数量约 2000 台，较为稀有。

Prominent 35 系列配套的 50mm 镜头有 Nokton 50mm f/1.5、Ultron 50mm f/2、Color-Skopar 50mm f/3.5。

至尊是福伦达 300 年历史中的一个重要代表作。至尊系列真的太漂亮了，漂亮到我每次看到它都不禁感叹："老哥，真的有必要做这么好看吗？"

至尊的漂亮不仅仅停留在外观的设计上，我们今天在二手市场上还可以看到很多外观成色很好，银光闪闪的至尊相机，这充分证明了福伦达当年的电镀工艺水平是多么厉害。

至尊的每个细节都显示出福伦达的奇思妙想，以至于就连福伦达自己都难以去支撑这样无比漂亮又精密的系统，独特的卡口限制了大光圈镜头的研发以及镜头群的丰富，所以最后至尊系列还是终结了。

前些年在二手市场上，3000 元就可以买到至尊系列的一机一镜，经常还能看到很多银光闪闪的至尊被放在角落里落满灰尘。我原本以为至尊大概就这么消失在二手市场的货柜上了，但是微单 / 无反时代的到来，竟然超乎想象地令一批老镜头满血复活，而福伦达至尊就是其中非常闪耀的一员。

再加上近几年徕卡的热潮和国内涌现出了很多像"镜头环保师""老镜新生"等优秀的老镜头改口师傅，让至尊在二手市场上的热度一波接着一波掀起。在这样

的热潮下，很多用户都感受到了福伦达当年精湛的光学工艺。一时之间，至尊从摆在展柜上无人问津，摇身一变成了"理财产品"，价格也丧心病狂地涨到一支镜头要一万元左右，想要找到一支成色很好的还十分困难。

至尊系列中最有名的应该是 50mm f/1.5，它与同时期的各家产品相比可以说是鹤立鸡群，不让徕卡。全开光圈的素质就非常不错，而且焦外光斑旋转的效果也自成一派，甚至一度让爱好者为了这个效果趋之若鹜。对这些至尊镜头的爱好者来说，如果焦外光斑没有旋转起来，都不好意思按下快门。

福伦达当年对至尊也很得意，甚至还推出了徕卡 L39 的螺口版本，我一度认为这个做法是故意给徕卡上眼药："就你叫徕卡是吧？你们是徕卡发烧友吧？睁大眼睛看看，什么叫光学素质（战术后仰）……"

现在至尊在二手市场上有各种复杂的版本，被发烧友吹得玄之又玄。但是至尊存在着胶合镜片开胶的问题——精湛的日耳曼工艺神话又被戳破了一次。不过，鉴于绝大多数人买至尊是用来把玩和观赏的，似乎开胶也不是什么问题了。现在已经有了非常成熟的至尊改口转接环，找一支三四千元的镜头玩一玩倒是非常不错的。

要想体会至尊系列的精致与优美的话，至尊的 6×9 版本一定不要错过。尤其是它的旋钮部分，精致得根本不像是一台照相机，更像是一台钟表，一件工艺品（详见 219 页）。

康泰克斯

蔡司的心结

我对于康泰克斯旁轴相机的印象是非常好的，情感是非常复杂的。康泰克斯的每一台相机相比其他厂家的产品都更富个性，也更好看。但能将一台如此漂亮的相机做得如此不好用——做工精湛但小毛病不断，也是一个非常奇特的技能。

周成霖 / 供图

CONTAX Ⅱ型发布于 1936 年，后进行了便携化改造推出了 CONTAX IIa，并于 1961 年停产。

CONTAX RTS（单反相机）发布于 1975 年，机身部分由日本的雅西卡公司负责，保时捷负责机身设计，镜头由卡尔蔡司制造。

康泰克斯在初期对于旁轴系统的贡献还是很多的。举个例子，康泰克斯超长的测距基线就连徕卡也难以比拟。很可惜，康泰克斯为了自己的奇思妙想，把早期的 RF 卡口设计成了一套十分复杂的系统。虽然满足了康泰克斯各种各样的小心思，但是这个复杂的系统对于镜头本身的限制非常多，可以说成也卡口败也卡口。后来尼康还克隆过康泰克斯的 RF 卡口。

到了单反时代，康泰克斯又和日本的京瓷公司搞过一段合作，京瓷的加入确实提供了一些电子技术上的支持，并且降低了一些生产成本，但最终还是没能完成康泰克斯重现往日荣光的梦想。即使在京瓷的帮助下，一定程度上降低了康泰克斯相机的生产成本，但是在当时的中国市场康泰克斯相机还是非常昂贵的——价格和徕卡没什么太大区别。高昂的售价也确实阻止了很多喜爱康泰克斯的摄影师的接近，可以说蔡司的高贵气质确实在售价上有很好的体现。

CONTAX RTS III 单反相机。

当年能用上康泰克斯相机几乎就是我的一个幻想，经常做的一个梦就是我拿着康泰克斯相机到处拍照。所以，后来我的第一台单反相机选择了雅西卡 FX3，这台相机其实就是康泰克斯的普及型产品（雅西卡就是京瓷公司的品牌），这台相机在当年高达 2400 元的售价对我来说也不是一个小数目了。那时，我还有幸摸过同学的康泰克斯 167，一下就被那个轻巧又尖锐的快门声所折服。在那个年代，相机使用电池驱动可是一件相当时髦的事情。

RTS 算是康泰克斯最具代表性的单反相机，无论做工、设计还是性能都是极其强悍的。但 RTS 和徕卡 R8 相机类似，纵使拥有再好的性能、再优秀的设计和做工，在那个日本厂家自动对焦相机风起云涌的时代，没有配备自动对焦功能，也让受众感觉落后了别人一步。对于年轻、压力巨大、渴望效率的摄影师来说，自动对焦且价格便宜的日本相机更有吸引力。

蔡司并不是没有在自动对焦方面做出过努力，虽然努力的方式现在看起来十分"抽象"。比如，康泰克斯曾经在 1996 年发布过一台非常有趣的相机——AX。它拥有一套镜头镜组不动，靠焦平面、五棱镜、反光镜镜箱整体前后移动的自动对焦绝技。这有点像潜水艇的双层外壳设计思路。这样的设计看起来非常特立独行，但明眼人一看就明白，这是一个镜头与机身互相妥协的半吊子解决办法——卡口要不要换极其犹豫，老镜头能不能用非常尴尬。如此复杂、沉重、低速的自动对焦方案给康泰克斯 AX 带来了很高的故障率，而且这样的解决方案也让镜头内浮动镜组对于近距离拍摄时的校正失去了意义，如何评价呢？——杀敌八百，自损一千，狠起来连自己人都打的感觉（详见 106 页）。

在各种互相妥协、内耗、犹豫不决中，康泰克斯铆足了劲一路狂奔，就算后来在 2001 年 11 月 15 日推出了全世界第一台量产的全画幅数码机身 N Digital，而且终于搭配了自动对焦的卡尔·蔡司镜头，同时是全世界第一台全画幅 CCD 数码单反相机，也没能挽回大势。几年后，其母公司京瓷宣布不再生产相机，康泰克斯终于带着它所有的奇思妙想，安详地躺进了小盒里，一代经典终于黯然落幕。蔡司似乎也终于意识到自己可能真的相比于做相机更适合去钻研镜头，所以这些年，它专心地制作镜头去了。

左一：CONTAX 自动对焦 135 旗舰机型 N1，其本身有诸多突破，但生不逢时。小张 / 摄

右一：蔡司"牛眼"系列相机精湛的做工。

右二：CONTAX 645 是我认为最好用的 645AF 相机，其造型设计胜过富士设计的哈苏 H 系列。

1944 年 6 月 6 日，法国诺曼底奥马哈海滩。这张照片是使用康泰克斯 II 型相机拍摄的。罗伯特·卡帕 / 摄

哈苏 XPan

将宽银幕搬进相机里

哈苏 XPan 是近代相机历史上一台极其出色、惊艳、特点鲜明的双画幅旁轴相机。它的外观设计优雅，镜头光学素质极其优秀，使用起来十分轻巧的操作系统，使它成为我心中的一台"完美相机"。如果只拿一台胶片相机出门的话，一定会是这台 XPan 而不是徕卡。

汤圆 / 供图

　　哈苏 XPan 发布于 1998 年 9 月，在德国科隆世界摄影博览会上首次亮相。这台相机其实是哈苏委托日本富士公司生产的——哈苏和富士之间的"暧昧关系"由来已久。XPan 有两个版本，分别是哈苏 LOGO 版"哈苏 XPan"和富士 LOGO 版" Fujifilm TX-1"，让人感到意外的是，做工上似乎富士 LOGO 版还要更好一些。

　　哈苏 XPan 是我心中的一台"完美相机"。如果只拿一台胶片相机出门的话，一定会是这台 XPan 而不是徕卡。更重要的是，它明明长了个 135 相机的外观，骨子里却有一颗 120 相机的心。在拍摄时，可以随时在两个画幅比例之间进行选择和切换：普通 135 尺寸为 24mm×36mm，宽画幅为 24mm×65mm。相机会自动为你调整两张底片之间的间距，极其精准，不会发生叠影的情况。XPan 的机身内部隐藏了非常多心思巧妙的黑科技。它的取景器是一个光学的旁轴取景器，当你从 45mm 镜头切换到 90mm 镜头时，它的取景器内置的透镜会切换，使得取景倍率增大，方便你进行取景和对焦，这是徕卡旁轴相机无法相比的。

　　足够宽广的视角和足够便宜的胶卷，再加上远超 135 相机的画质，这使得 XPan 时至今日热度还在持续上升，二手市场价格就足以说明问题。

　　哈苏 LOGO 版特别是第一代 XPan 的漆面涂层极其脆弱，脆弱到你只是从

摄影包中拿出来再放回去就很有可能会掉漆，"脸皮"薄得令人难以置信。哈苏承诺这个产品可以进行油漆涂层的更换，但非常可惜当年这个补充条款并不适用于中国市场，这还是让人感觉非常气愤的。抛开掉漆的缺点，这台相机几乎没有任何问题。它简直太有特色了，你可以想象 XPan 是一台使用 135 胶片的林哈夫 617 相机。

XPan 一共有三支镜头，分别是 30mm、45mm、90mm。其中 30mm 镜头的光学素质最为惊人，这是 XPan 用户绝对不可以错过的镜头，这支镜头对于边角的控制和细节的再现令人过目难忘，当然同样过目难忘的还有这支镜头的价格。30mm 广角镜头附带一个光学取景器和中灰渐变镜，虽然这使得操作变得略微烦琐，但是外观看起来威猛又复古。

45mm 这支镜头是我最为推崇的，方便且实用，当然可能有人觉得 45mm 镜头最大光圈只有 f/4 是不是太小了，但请不要忘记这是一台 120 相机，在广角端光圈可以有 f/4 已经很大了。而从另一方面来说，这么小巧的镜头可以展现出如此高素质的画面实在是令人刮目相看。XPan 的三支镜头也都分别配有中心中灰渐变镜，当然，我觉得除了 30mm 这支镜头，不使用中灰渐变镜也没有任何问题。

XPan 是一台电子化程度很高的相机，虽然保留了机械的快门按钮，但确实是电子化的，这让 XPan 在可靠性上需要打个问号。另外需要注意的是：第一代 XPan 相机的 A 挡测光只支持到 1/20 秒；它的快门速度显示在后背的液晶屏上而不是在取景窗里面；感光度手动调节也没有锁止机构，很容易误操作；镜头的遮光罩也没有锁止机构，存在一定的丢失风险——好在这些问题都在第二代 XPan 上面得到了改善。

还有个故事，一开始我并不知道哈苏 XPan 是富士生产制造的，当我准备检查一下相机快门次数去查看相机手册时，发现查看快门次数需要按住液晶屏左边第一个按键，然后开机之后屏幕上会显示一个数字，再把这个数字乘以 10，就可以得到快门次数。我当时还开玩笑：只有富士是这样把数字乘以 10 来计算快门次数的呀！后来我才发现原来 XPan 就是日本富士生产的。这么看来，富士还是隐藏了一些自己的基因在这台相机的角落之中的。

虽然 XPan 不是纯粹的哈苏血统，一代机身上也存在着一些小问题，但当你意识到，XPan 比徕卡大不了多少，却能给你 120 相机的画质还有宽银幕电影的视觉享受时，上述问题都不再重要了。

柬埔寨吴哥窟，雨后的
阳光洒落下来。柯达
E100VS 反转片。

法国阿尔勒的麦田，梵高曾在这里写生过。

秣马厉兵的岁月

单反相机的黄金时代

单反相机的思路和雏形其实很早就出现了，画《戴珍珠耳环的少女》的荷兰绘画大师维米尔就用的类单反技术来辅助创作。早期的相机设计真的是脑洞大开，后来太过奇怪的设计就慢慢消失了。旁轴相机镜头焦段不多的时候摄影师也没啥要求，但是他们总想追新。时代变了，广角、长焦的需求一上来，随着五棱镜和反光板实时回落技术的出现，单反的优势就体现出来了，尤其是取景无视差这一特点征服了无数摄影师，终成大势！以日系厂商为代表，单反系统铁骑突出，以"迅雷不及掩耳之势"将旁轴系统挑落马下，昔日辉煌的旁轴帝国迎来了最黯淡的时光。从此，尼康、佳能开始大显身手，单反相机的战国时代开始了。

乔治·亚罗的"神话"

尼康 F4

尼康对 F4 进行了根本性变革——从传统的手动对焦相机转型为现代自动对焦相机。从此，尼康迈出了 AF 的历史性的一步。

　　1988 年 12 月，尼康推出了第四代旗舰单反相机尼康 F4（尼康的第一台专业 AF 相机），以及搭配了 MB-21 竖拍电池手柄的 F4S 相机。1991 年又在此基础上推出了配备更大电池手柄 MB-23 的 F4E。

　　20 世纪 80 年代末，日本的相机厂商都在探索自动对焦功能，当时厂商们普遍遇到的问题就是：是否要更换新的镜头卡口——这也就意味着要放弃老的卡口和镜头。放弃老的卡口和镜头确实在新的自动对焦环境下给机身和镜头的重新设计带来不少便利，但这样做意味着会失去很多老用户，但保留老卡口就会使得自动化设计变得异常困难……面对这个罗生门一样的艰难选择，尼康选择了保守的道路。

　　尼康为了在保留 F 卡口的基础上实现自动对焦功能，采用了和美能达公司一样的机身马达驱动方式，也就是很多发烧友俗称的"螺丝刀马达"。这样的机身驱动方式的优点是不需要每支镜头里面都增加一个对焦马达，缺点是每支镜头的重量不一样，但是机身马达的扭力是不变的，会对对焦速度产生一些影响。

　　虽然经历了很多挑战，但最终尼康 F4 还是横空出世。尼康终止了基于上一代旗舰机型的 F3AF 的研发与探索，而是对 F4 进行了根本性变革——从传统的手动对焦相机转型为现代自动对焦相机。从此，尼康迈出了 AF 的历史性的一步。

　　一直以来我个人认为最漂亮的尼康单反相机就是 F4——所有的 F 系列专业相机都是各具特点的，但是要说漂亮，F4 当仁不让。它是尼康如日中天时期的一个

刘宇辉 / 供图

神作！尼康 F4 的设计师是意大利著名设计师乔治·亚罗——在世界汽车设计领域被誉为"世纪设计大师"。

F4 的外形非常阳刚威猛，据说乔治·亚罗当年是先设计好 F4 的机身外形，再按外观往里面填入各个组件的。很多亚洲用户反映 F4 的机身过于庞大，握持起来不是很舒服，但对于欧美用户来说其实这个大小刚刚好。F4 配合上它的电池手柄，外形堪称完美，颜值爆表。硕大的机身配合上我个人非常喜欢的，同样硕大、饱满的速度拨盘，手感好极了。看到它就能感受到它身上散发出来的阳刚气息。很可惜，在 F4 之后，尼康相机的颜值一路走下坡，再也没有推出这么好看的机器了——现在的尼康相机真的只是一个工具，缺乏设计上的美感。

应该说作为旗舰级专业机，尼康 F4 的功能是非常全面的，表现出了一种"你可以不用，但我不能没有"的设计理念，它理所应当地配置了尼康旗舰机标志性的可拆卸取景器设计，给用户带来了更多选择性的同时也带来了更大的可玩性、趣味性。这是同时期的佳能相机没有的绝活！尤其是在使用俯视取景器和号称"小电视"的头盔取景器的时候，取景器里的画面总是充满了电影感，让人沉醉其中。F4 可拆卸取景器的外壳材质从金属换成了工程塑料，这样的设计让机器的重心非常舒服，但缺点是在高强度使用后看见取景器上的掉漆痕迹，摄影师心里总是不怎么舒服的。

右上：1994年，南非首次自由选举前，著名战地摄影师詹姆斯·纳赫特韦（James Nachtwey）在东兰德的一个小镇拍摄非国大支持者与祖鲁矿工之间的冲突。背景里还可以看到另一个著名摄影记者彼得·特恩利（Peter Turnley）在拍照。在这样一个突发新闻环境中，我们可以看到以图片报道为主的90年代，这个街角中八位摄影记者的相机：七台佳能EOS-1家族专业相机，一台徕卡M6旁轴相机，两台尼康F90X相机，一台尼康早期D1数码相机。David Silverman/摄

右下：1991年海湾战争期间，沙特阿拉伯与伊拉克边境的一个小镇上，一名新闻兵拿着尼康F4S相机，给当地一个小男孩观看取景器里的世界。David Turnley/摄

从F6开始，尼康出乎意料地取消了可拆卸取景器设计，在以后的旗舰机上这样的心动感觉也永远消失了。

当年尼康相机的对焦噪声比较大，而且对焦马达工作起来感觉十分吃力，每次对焦，听着那个声音，都给你一种马达真在努力的感觉！有时候你用一支相对小巧的镜头，甚至会担心过分发力的马达是不是会把镜头给甩出去！无论如何，对比同时代的佳能旗舰机型，F4的对焦速度还是有点慢了，这在新闻、体育摄影等领域确实有影响。尼康在这些领域的落后，导致市场格局发生了变化，佳能趁机快速赶超，凭借安静、快速的对焦性能领先了许多年（但是当年的佳能可是换了卡口的，从FD口换成了EF口，损失了很多老客户）。我觉得这大概是F4这个"巨人"身上唯一的弱点吧。

尼康F4为了平衡机身整体的重量，机身外壳也有很多部分使用了工程塑料，即使这样，机身的重量也相当可观。后面推出的F5还要再加上一个"更"字，虽然给人感觉异常扎实，但背时间长了那是真的重啊！

如果你对于自动对焦速度没有非常苛刻的要求，F4还是非常好用的相机。它在我年轻时是一个不可触及的梦想（我年轻时的梦想还真不少！），但在今天的二手市场上只需要一千多块钱就可以买到一台成色还不错的尼康F4。我相信没有一个尼康爱好者可以抵御这样的诱惑。有了它，你才能感觉到那个年代尼康在设计上的辉煌；只有把它握在手里，通过取景器对焦并按下快门后，你才能体会旗舰相机的真正内涵到底是什么。

全金属"怪兽"

徕卡 R8

R系列是徕卡在单镜头反光相机方面的一个探索，这个系列里比较成熟的产品都是徕卡和日本的美能达公司合作生产的。不过徕卡 R8、R9 两个型号是徕卡独立设计并尝试进行制作的产品，体现了徕卡当年在单反相机系统上的野心，甚至可以说是徕卡公司的炫技之作，放到徕卡的体系里看，绝对是性能强悍的一代机皇，无论性能还是做工都无愧于其顶级相机的身份。

徕卡的 R 系列是单反相机系列，研发的时间比较晚。德国做的单反相机在全手动时期是没问题的，现在看来也还挺酷的，等到日系厂商开始发力，尤其是进入全电子时代以后就跟不上了，换句话说就是保守、死要面子活受罪，慢慢地就没市场了。

徕卡也一样。徕卡毕竟是个"小厂"，眼睛一直盯在巴纳克和徕卡 M3 巨大的成功上，没怎么重视单反相机的发展，等到日系厂商已经打出一片天地时才想做，就已经晚了一步，直到 1964 年，徕卡才有了第一台单反 Leicaflex，以及后来的 SL 和 SL2——知道现在徕卡数码无反相机的名字从哪里来的了吧！

这几台机器不错，但是和尼康、佳能一比，差距立刻就显现出来了，卖得也不太好。无奈之下，徕卡只能联合日本的美能达一起研发单反相机，以美能达 XE 为平台，推出了第一台徕卡 R 系列单反相机 R3。后面的 R4、R5、R6、R7，基本以美能达 XD 为平台。这些机器卖得也不是很好，价格高是主要因素，性能上也不如同时期的尼康、佳能。可以说单反的这条路，徕卡走得也不太顺利。

后来，徕卡 R8、R9 就由徕卡自行设计研发了，但是也晚了，因为单反相机早已进入 AF 自动对焦的全电子时代，徕卡抱着那么多高质量的手动对焦镜头默默流泪，再加上高昂的价格，市场反响也并不好。整个单反系统的市场表现拖累了徕卡，要不是有 M6 死撑着一片天，徕卡的未来都很难说……

徕卡 R8 发布于 1996 年。R8 脱离了美能达的风格重新设计，并在德国工厂进行生产。

这是我年少时连看都不太敢看的机器，第一次看到这台相机是在摄影杂志的相机快讯版面上。"徕卡推出了一台叫作 R8 的顶级单反相机……"然后一看到价格，真是差点把我吓哭了！多年以后，我太太在我们结婚 10 周年纪念日的时候，送了我一台徕卡 R8，圆了我当年的梦想。

非常可惜的是，和康泰克斯类似，在一个自动对焦大时代中诞生的 R8 怎么看都似乎有些不合时宜了。虽然在徕卡单反体系中，R8 的性能非常优异，但是和同时期的日系单反相机相比，那些性能也几乎都是"标配"了，更何况它还是一台手动对焦相机。除此之外，徕卡 R 系列的镜头售价非常昂贵，在当年也成功劝退了很多想要尝试一下的粉丝。最终，这台巅峰型徕卡相机的销量也不太好。

这似乎很符合那个年代的"旗舰机诅咒"——哪个厂商胆敢推出某个系列的旗舰机型，这个系列多半会随着旗舰一起走向终结，以至于当时很多日本厂商都给所谓的旗舰机的位置留了个空出来，发布异常谨慎。

R8 的设计是非常奇特的，与以往徕卡旁轴系列的设计语言完全不同。它像是一艘太空飞船，如果你仔细品味，似乎可以在上面找到一些早期德系相机（比如爱克山泰）的梯形设计元素。它看起来还有点像早期欧洲战场上的坦克——性能强悍又带着点"蠢萌"的感觉。实际上手试试，就可以发现这台相机的握持感非常出色，取景器也非常明亮，磨砂屏的视野跟纯净度都很好——当然这么好的磨砂屏是出自美能达的手笔。R8 的测光系统非常厉害，可以实现在机内对大型闪光灯的测光，我怀疑这功能也可能跟美能达有些关系。

主要体现徕卡优秀做工的地方是 R8 相机的快门。快门声音非常柔和、细腻，听起来十分迷人。硕大的过片扳手的握持手感更是异常舒服。而且这个过片扳手也采用了颇具奇思妙想的设计：如果你打开预备角然后按下快门，那么下一张照片就会等你手动过片；如果不打开预备角直接按下快门，相机就默认使用自动过片。在 20 世纪 90 时代，尼康等顶级自动单反相机已经不使用手动过片了，但是徕卡为了个别摄影师对于安静和手感的需要，仍然固执地保留了手动过片扳手，这也体现了徕卡的严谨。

孙文翰 / 供图

  R8 的后背使用的是极简主义设计，这样的设计语言一直延续到了如今徕卡"巨单"SL 系列上面。徕卡 R 系列的镜头价格在当年绝对是惊人的，当然镜头的素质和参数也十分惊人。例如 Leica R 180mm f/2 APO，个头大到吓人，价格也和亲民毫无关系。镜头普遍昂贵的售价也导致当年真正使用 R 系列的摄影师少之又少。

  但是现在不一样了。R 系列的机身非常便宜，镜头也不贵，买一台来把玩确实是非常好的，几千块钱买一个徕卡红 LOGO 难道还不够诱人吗？何况还有成建制的 R 系列镜头可以去淘，拿来拍胶片简直乐趣无穷。

康泰克斯的最后一搏

康泰克斯 AX

康泰克斯 AX "前面不动，动后面"的
自动对焦系统应该说是空前绝后的，如
此奇特的设计也就蔡司这样资金雄厚
的大厂敢豁出去玩一次。

1932 年，蔡司第一台 CONTAX Ⅰ 型发布。
1949 年，CONTAX S 发布，这是世界上第一台内置五棱镜的单反相机。
1974 年，蔡司与日本京瓷公司合作推出 CONTAX RTS 单反相机。
1982 年，CONTAX RTS Ⅱ 发布。
1990 年，CONTAX RTS Ⅲ 发布。
1994 年，CONTAX G1 自动对焦旁轴相机发布。
1996 年，CONTAX AX 机背自动对焦单反相机发布。
1998 年，CONTAX 645 自动对焦 120 单反相机发布。
2005 年，CONTAX 退出相机舞台。

　　康泰克斯 AX 于 1996 年上市，首创了机背对焦机构，即使安装的是手动镜
头也可以进行自动对焦。
　　康泰克斯是一个追求个性的厂家，它在 20 世纪 90 年代也看到了自动对焦是
大势所趋，自己必须跟上自动对焦大部队的脚步。康泰克斯要转型所要面临的最大
困难就是这个系统的那些手动对焦镜头。想要快刀斩乱麻，直接抛弃这个系统和众
多的用户显然是不可能的，于是康泰克斯一拍脑门儿，有了！前面镜头不能动，咱
们动后面的焦平面，不也一样能够实现自动对焦吗？

周成霖 / 供图

于是，康泰克斯完美地保证了手动的 Y/C 卡口不变，蔡司镜头也不用加装马达，而是通过移动机身内部组件，让胶片前后移动一点点距离，这样完成了它的自动对焦梦。从理论上说，这个思路确实很新颖，但实际操作起来问题可是不少。想要挪动胶片部分，这件事并不只是简单地把胶片前后动动就行了，实际上机身内部大量的组件都要在自动对焦的时候跟着一起动起来。为了给如此多的运动部件预留出移动空间，整个机身就需要做得很厚，而且这些复杂的部件加起来的重量并不比一支镜头轻多少，机身内部又是寸土寸金的地方，马达的大小也受到了不小的限制。

最后，这套自动对焦系统不但对焦速度比较慢，噪声还不小，众多零件的挪动还造成了其故障率居高不下，想必当年康泰克斯维修部的员工应该是非常头疼的。

康泰克斯 AX "前面不动，动后面"的自动对焦系统应该说是空前绝后的，如此奇特的设计也就蔡司这种资金雄厚的大厂敢豁出去玩一次。最终随着这台机器市场表现的失败，蔡司最终放弃了这个设计方案，还是改回了传统的机身驱动镜头的自动对焦设计思路，也就是后来著名的中画幅自动对焦相机——康泰克斯 645。

康泰克斯 AX 是一个充满了激情但令人深感遗憾的产品。如果不是康泰克斯的狂热粉丝非要购买用于纪念和收藏的话，二手相机非常不建议购买。

怪物公司美能达的怪兽产品

美能达 X-1/XK/XM

在进入自动对焦时代后，美能达的设计风格相比手动对焦时代的设计变得更加激进，率先使用了流线型的人体工程学外观设计。

美能达 X-1/XK/XM 发布于 1973 年。美能达和玛米亚一样，是个"怪物公司"，推出过非常多使用复杂的怪异产品。当然了，每个厂家都会推出一台旗舰产品来证明自己的实力，尼康、佳能是这么想的，美能达当然也会这么想。美能达在手动对焦时代的旗舰相机就是 XM——至于著名的 α9，那已经是自动对焦时代的故事了，也是美能达的落幕之作，我们马上就会讲到。

XM 这台相机的功能，在手动对焦时代是足够强悍的。那个时代每个厂商生产的相机都是方方正正的，就连美能达这样的最早开始使用人体工程学外壳的厂商生产的相机也曾经"方正"过。XM 有纯铜制造的外壳、可拆卸的取景器设计、清脆有力的快门声，几乎是那个时代作为旗舰相机的标配——但是对我个人而言，那个时代的旗舰相机，还是尼康 F3 更加令人心动。

XM 其实有两个版本，在美国销售的叫 XM，在日本销售的叫 XQ。后来国内的"豆瓣神机"美能达 X700 也是沿袭自美能达的 X 系列。

在进入自动对焦时代后，美能达的设计风格相比手动对焦时代的设计变得更加激进，率先使用了流线型的人体工程学外观设计。在那个年头，凡是看见一台流线型、长得不像是一台照相机的照相机，就一定是美能达公司的产品，而像 XM 一样方正的外观设计我们只能在它的落幕旗舰 α9 上面隐约看见一些痕迹了。

美能达相机从 XM 之后，机身设计从方正走向了圆润，握持感越来越好，电子功能越来越先进，但是做工方面塑料感也越来越强，后面的机型在做工上与 XM 已不可同日而语了。

我的青春回忆

美能达 X-700

美能达 X-700，是 1981 年发布的 X 系列的最终型号。虽然美能达 X-700 不是一台完美的相机，但是它承载着 20 世纪 80—90 那个充满进取精神的年代，美能达工程师对相机的设计梦想，也饱含着当年的摄影爱好者和摄影师的追求。

美能达？没听说过，小品牌啊！作为"器材党"，我们不能只知道佳能、索尼、尼康，美能达真的是一个非常厉害的"怪物公司"。但是在 20 世纪 80—90 年代，我也只知道美能达很好，但具体怎么好，是没什么概念的。这就好比别人跟我说劳斯莱斯汽车很好，可对于一个我根本买不起的东西，它的好也只是一种传说——新款的库里南做了哪些升级，我哪有机会和心情去了解呢？

当时我手上拿着的是一台算得上"高级"的单反相机海鸥 DF，而我的一个财力雄厚的高中同学手上刚好有一台美能达相机。两者一比，就好像是一群滚铁环取乐的孩子中冒出来一个手持 Switch 游戏机的孩子，太高级了！

他让我拍照试试，我把取景器往眼睛上一贴，嚯！那取景器明亮且巨大，而且开机后取景器右边还有一竖排快门速度的数字——那可不是徕卡相机上那种简易的上下指示标，而是真正列出一整排从 B 门到 1/1000 秒的数字，中间还有一个小指针告诉你现在的快门速度是多少。这是我摄影生涯中第一次有一台相机以它专业的姿态给我留下了深刻的印象——这台相机就是美能达 X-700。

1982 年，美能达和尼康同时推出了两台知名的准专业相机——美能达 X-700 和尼康 FM2。在当时那个年代，买一台相机可不像今天随便掏出几千块钱就能随便搞定，那可是要传家的大宝贝、大件儿。

周宬霖 / 供图

　　美能达 X-700 是如何得到发烧友的青睐的呢？或许我们从 X-700 的速度盘上可以看出些门道。B 门到 1/1000 秒的快门速度并没有什么奇怪的——要知道 FM2 的快门速度可以达到 1/4000 秒。我们继续看，X-700 的速度盘上还有 A 挡、P 挡！这在那个机械相机当道的年代可是相当高级的功能，你现在可能觉得，光圈优先有什么高级的呢？在当年有的厂商认为 A 挡光圈优先是十分专业的功能，也有的厂商认为 S 挡快门优先是更加专业和高级的功能，公说公有理婆说婆有理。美能达在这个时候跳出来告诉大家"都别争了，我给你们快门光圈双优先"，也就是 P 挡，让很多曝光技术欠佳的爱好者可以快速上手，这在当年可是十分厉害的设计。

　　X-700 右手速度盘的前方是相机的开关，在拨到"开"的位置后继续向右拨还可以打开蜂鸣音提示，在速度盘上方的快门按键位置有两个导电金属片，当蜂鸣音处于开启状态时手指碰到快门按钮就会接通蜂鸣电路，在快门速度不够时，相机会发出蜂鸣音来提醒摄影师。

　　正面的镜头左侧分别是镜头释放按钮、外接快门线插口，再向下还有一个景深预览按钮，这在当年可不是所有的相机都配备的按键——摄影师可以在拍摄前按下景深预览按钮提前收缩光圈来观察实际的景深效果。

作为一款准专业相机，X-700当然也少不了象征着专业的竖拍手柄马达，可以切换高低速连拍模式，采用竹节样式的人体工程学设计，带有独立开关的竖向快门按钮。这些细节无不凸显出一款相机的专业性和当年高达4000元（套机）的售价带来的震撼。

上述这些细节带来的高级感、专业感是摄影师随着使用的深入慢慢才能体会到的，而最直接的震撼来自它那无比巨大、明亮的取景器。美能达当年在单反相机对焦屏的技术上是一骑绝尘的。它在对焦屏上用激光打出一个个微小的反光棱镜来让更多的光线汇聚到摄影师的眼中，这一技术不仅仅让摄影师十分开心，还得到了瑞典哈苏公司的青睐。当年，哈苏慕名而来找到美能达："小美，听说你很有能耐，咱俩不妨合作呀，你看看我这台相机——我可是专业、优雅、历史悠久的哈苏布莱德。你这个高亮的对焦屏技术我看上了，我给你钱，你给我做取景器……"

后来，很多用过哈苏相机的朋友都感觉："哇！这个取景器很亮、很舒服啊！"这背后其实少不了美能达技术的支持。说到与德国品牌的合作，X-700上那十分轻柔的横走布帘快门让很多徕卡用户感到亲切、熟悉，再加上美能达与徕卡悠久的合作历史（R系列、CL系列等），不由得令我在看到X-700的横走布帘时产生了一些联想……

时过境迁，照相机好多年前就开启了无反/微单时代，而美能达也变成了柯尼卡美能达，再后来被索尼收购，连那个经典的黄色标志都很多年没有见过了。但我依旧记得，20世纪80年代刚刚参加工作的我，每个周末都忍不住跑到相机店的玻璃柜前，一边望着那台标价4000元的美能达X-700相机，一边擦着口水的模样。在当时，这台相机我需要不吃不喝攒两年工资才能买得起，如今竟然只需要几百块钱就可以拿下。我看着如今已经被我握在手里的老宝贝不禁感叹：也许胶片时代真的要过去了。

我们不应该觉得美能达仅仅是一个消失的小品牌而已。美能达和"小而美"的公司宾得一样，曾经在相机个性化的发展上做出过深刻的探索和巨大的贡献——也付出了巨大的代价。美能达是一家非常前卫的公司，很多设计和技术在当时看是十分超前的：α9的全不锈钢机身、数字编程技术、人体工程学的设计、每秒12张连拍、复杂的菜单设计和程序卡、读取机身曝光参数、眼控启动，等等。那可是胶片时代啊！而正是这些过于高级和过于超越未来的设计，直接导致了美能达的消亡。

虽然美能达 X-700 不是一台完美的相机，但它承载着 20 世纪 80—90 那个充满进取精神的年代，美能达工程师们对相机的设计梦想，也饱含着当年的摄影爱好者和摄影师的追求。很多人会问我，"作为一名摄影师，你现在还去购买很多古老的胶片相机，是不是过于贪玩了？是不是过于追求器材而忽略了摄影本身呢？"

　　我觉得不是这样的。这是回忆，这是情怀，这是初心，就和很多人都有孩子了还去买变形金刚玩具一样。这台相机在我年轻时就是一个梦想，那会儿我是当了裤子也买不起的，现在我终于可以用很小的代价来实现当年的梦想，这是多么有价值的一件事啊！虽然那个时代早就过去了，但我仍想给自己一个圆梦的机会。即使它浑身刻满了岁月的痕迹，在我心中它也永远是在器材店玻璃柜里熠熠生辉的模样。

　　虽然美能达作为一个相机品牌早就已经消失了，但是我们不应该忘记当年很多摄影师拿着这台相机的时候那种欣喜、自信的心情。当我手里拿着这台相机的时候，似乎就穿越时空，又回到了年轻的岁月……这些美好的记忆没有随着美能达品牌的消失而烟消云散，它们一直存在于我的回忆中。青春是美好的，当抚摸这台机器的时候，就能想起我们不曾逝去的青春时光——永远年轻，永远热泪盈眶。

机甲绝唱

美能达 α9

美能达的社长曾经说，他们公司"生产过一台半完美的相机"。那"半台"是 TC-1，这"一台"就是单反旗舰——α9。美能达是一家特立独行，甚至可以用"激进"来形容的公司。今天，回过头去用历史的眼光来审视，这种特立独行虽然令人敬佩，但无法给它带来一个好的结局。

美能达 α9，发布于 1998 年。对我来说 α9 是美能达的"谢幕之作"——虽然这台相机并非美能达生产的最后一款相机——但应该算是美能达在胶片时代的谢幕之作了。α9 的设计极具创造力，设计思路可圈可点。它的外壳使用不锈钢材料打造，虽然没有什么机会抡起来去砸核桃什么的验证一下它的结实程度，但至少人体工程学造型的手柄握持感确实很棒。在限量版的 α9 机身上，还使用了具有黏性的橡胶饰皮以及夜光按键等黑科技。

α9 的外形看起来十分饱满、大气。令人欣慰的是，α9 上的很多设计一直延续到今天的索尼相机上，可见这个设计的成功之处。α9 在机身的技术性能上与当时其他品牌的旗舰机相差无几，但是对焦方面却一如既往地不如尼康和佳能。美能达的科技树似乎每次都长在了错误的地方——在不需要的地方过分激进，在十分必

要的方面却一直原地踏步。比如说 α9 作为一台旗舰单反相机，脑门上却顶着一个小闪光灯！甚至还附带镜头联动变焦功能！这个功能是有点意思，但也使得顶部的密封性受到一定的影响，关键是并不好看，用处也不大。

美能达就是这样一家特立独行，甚至可以用"激进"来形容的公司，这是它的一贯气质。但在今天，回过头去用历史的眼光来审视，这种特立独行并不能给它带来一个好的结局。

如果你是一个美能达粉丝的话，想要去感受一下美能达引以为傲的旗舰机，可以购买一台 limited 限量版再搭配上一支美能达 AF 85mm f/1.4 G 镜头。大家对于美能达这个品牌的评价可能有好有坏，但当真的有人看见你的器材柜上摆放着这套组合的时候，一定觉得你是一个十分有情怀的人。

承上启下

佳能 NEW F-1

New F-1 是佳能手动对焦时代的最后一台旗舰单反相机，也是 20 世纪 80 年代早期专业级单反的代表作。它极其坚固，大概可以用来砸核桃，同时也是电子化在专业级相机上的探索的标志性产品。

佳能在模仿徕卡旁轴相机的道路上已经取得很好的成绩，但是时代造英雄，1959 年尼康发布了经典旗舰单反相机大 F，它还跟着 NASA 上过太空，出尽了风头。佳能同年推出的是 Canonflex，采用佳能单反初代的 R 卡口，但是尼康大 F 太强悍了，Canonflex 完全处于被打压的状态。佳能只能继续埋头苦干，发誓要推出一台对标大 F 的、更完美的 135 单反相机，终于在 1971 年，佳能推出了极其优秀的第一代旗舰 F-1，并且表示这样完美的相机未来十年都不需要改进。

但是谁能想到，仅仅几个月后，尼康就推出了第二代旗舰 F2。真是晴天霹雳啊！所以在 1976 年佳能推出了改进版 F-1n。

到了 1980 年，尼康赫赫有名的 F3 上市，佳能基本上已经陷入了绝望的境地。本来靠一台 F-1 和其改进版对标尼康大 F，勉强和 F2 死扛，现在 F3 又来了。所以佳能在 1981 年，推出了 New F-1，用来对标 F3，各类技术指标也很高，机身坚固到夸张的程度，拿在手里掂一下，就会感受到全金属带来的质感，太扎实了！可以说，当年尼康和佳能的旗舰相机用料都是实打实的。和 F-1 比起来，New F-1 外形柔和了一些，机身的转角从直线硬折变为柔和的弧线，取景器上也加了热靴，机身正面加了小手柄，柔和的凸起使得握持的手感进一步提升。

佳能 New F-1 除了外壳用料好，内在也是很扎实的——快门是机械电子混合

式的，在手动曝光及快门优先模式下，高速快门从 1/2000 秒到 1/125 秒，以及 B 门是全机械控制的，1/60 秒到 8 秒由电子控制。如果用的是光圈优先模式，只有 1/1000 秒至 8 秒的电子快门可以用，显得有点遗憾。

New F-1 可以更换多种取景器，其中的 AE 机顶可以实现光圈优先，提供 1/1000 秒至 8 秒的快门速度，这个 AE 机顶的外观也很威猛，方头方脑的，取景器内可以显示快门速度。其实其他取景器也有 A 挡，但就是不能显示快门速度。

佳能的相机电子化探索早就展开了，1976 年的 AE-1 就已经大获成功，近些年成为"豆瓣神机"之一，1978 年发布的 A-1 更是出色。但是在旗舰相机上，不太一样。专业使用者要的是稳定，功能多不是主要的要求，而在任何情况下无失误，不掉链子，没有电也能工作，这才是靠谱、专业的象征，所以感觉尼康 F3 和佳能 New F-1 在电子时代大潮中都显得比较保守——这其实是由于不同使用环境中的主力人群的诉求造成的。

New F-1 是佳能手动对焦时代的最后一台旗舰单反相机，这时的佳能和尼康比起来还是显得没有那么突出。后来，佳能改变策略，旗舰机型都等到尼康发布之后才发布——反正佳能是憋着一口气，这口气还真管用。再后来佳能壮士断腕抛弃老卡口启用全电子化的 EF 开口，开启了有历史意义的 EOS 体系，一举改变了相机市场的格局，终于在单反相机领域当上霸主，扬眉吐气！

"小而美"的宾得

从 SP、LX 到 K2

宾得（Pentax）是一家很厉害的公司，在光学领域有非凡成就。别看现在没多少人知道，它可是日本相机史上一个非常重要的存在！

宾得也叫潘太克斯，其原名叫作旭光学公司，成立于 1919 年。它在 1952 年就推出了日本首台单反相机 Asahiflex Ⅰ。厉害吧！在 1954 年推出世界上首台反光镜即时回落的单反相机 Asahiflex Ⅱ，还没等别人追上来，又在 1957 年推出了日本首台五棱镜取景的单反相机 Asahi Pentax，确立了历史地位，"Pentax"这个品牌第一次出现。这些成就可以吧！

后来旭光学推出的 M42 螺口单反相机 SP，是一台非常成功的机器，简单而可靠，M42 螺口也有着大量的镜头可供选择，它的成功并不意外，现在拿来拍摄也非常方便易用。旭光学还给它出了一台纪念版"金机"，和后来的镀金纪念版不太一样，这台 SP 的纪念版应该是裸铜的，然后镀了一层防氧化透明漆，和纪念版相机闪闪发亮的效果相比，普通版的 SP 更低调。

SP 系列成功之后，宾得将 M42 螺口改为插刀式卡口，推出后来大名鼎鼎的 K1000。虽然 K1000 是入门机型，但它绝对是宾得的明星，便宜好用，市场反响极好。宾得也高兴地出了纪念版金机，这台就真的是镀金的了——这样的待遇不是谁都可以享受的。

K 系列的高端机型 K2 是让我印象深刻的一款。它的上片手感相当细腻，甚至有徕卡的感觉，仅凭这一点，就让我对 K2 好感大增。别的部分其实倒没什么强烈的印象。

黑铁 / 供图

　　后来宾得开始推出 M 系列单反相机，其中最有特点的当属 MX。它凭借小巧纤细的机身，拿下当年"最小巧的全机械单反相机"称号，而明亮又有很高放大倍率的取景器，看着甚至比 K2 还舒服，第一次用都不太相信这么大的取景器会是这样一台小相机上的——而这台小巧的机器也成了宾得最后的全机械单反相机，电子化的大时代到来了。

　　1980 年，宾得公司成立 60 周年，宾得 LX 作为宾得手动对焦时代唯一的旗舰机发布了，从参数指标上看，它并不太出众，但是镜头群丰富，配件丰富。不得不承认在旗舰机方面，尼康、佳能还是更厉害些，宾得、美能达等厂家相对弱了点。不过也不奇怪，宾得一直秉承"小而美"的理念，更接地气，简单易用，小巧轻便，这不好吗？

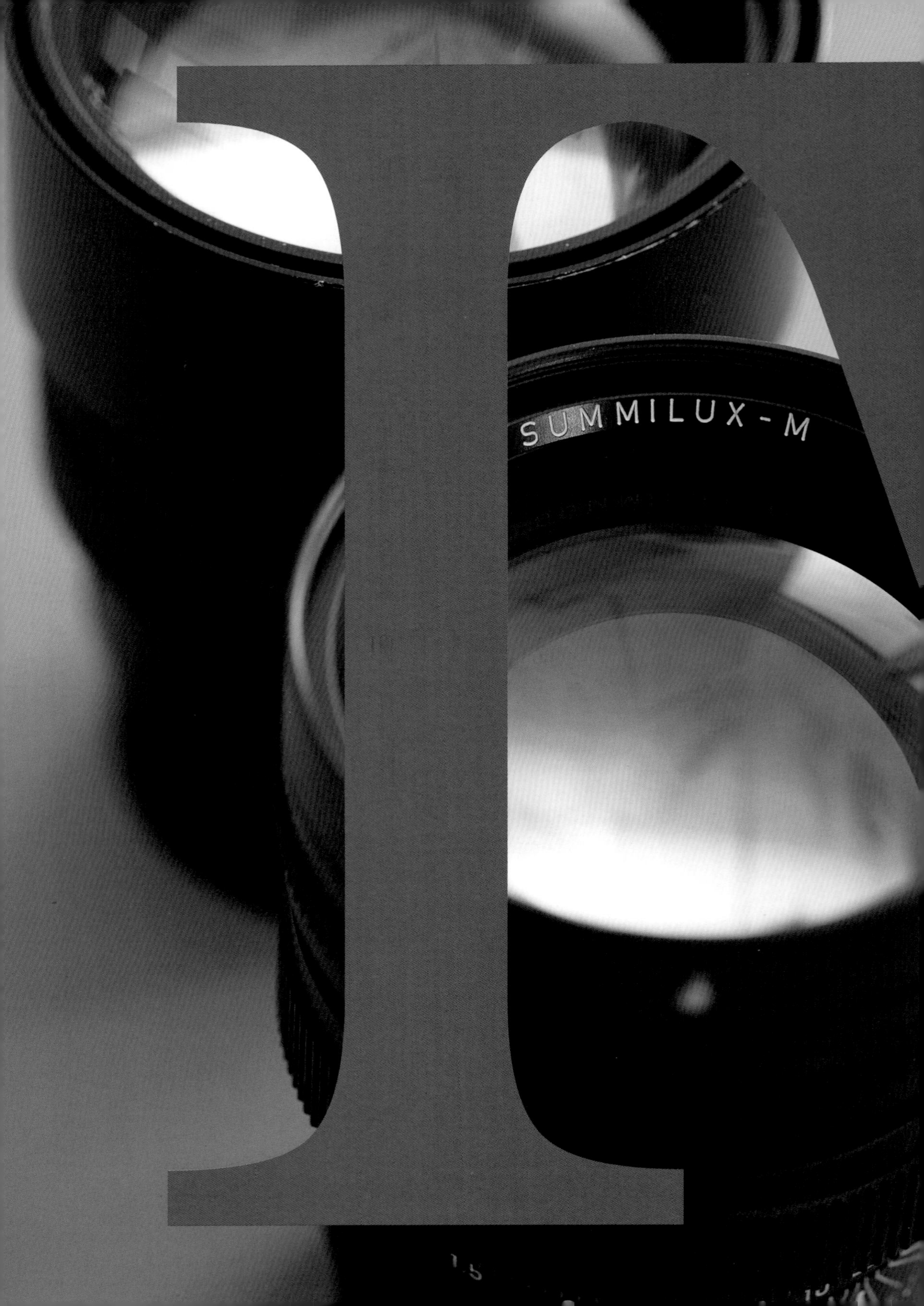
SUMMILUX-M

Though

With

通

光学

镜头 的光学设计这件事，
出来的，就算是在前
事情。那么，能不能做出很多"镜
实不是做不到，比如说：每一片镜
APO，全开光圈边缘无敌，400
舍得花钱，理论上很多要求都可以
要求的"中画幅几亿像素，f/1.4
要 2000 元就能拿回家"，这个就
咱们平时用的这些镜头，基本算
能不计成本地设计生产，就算真做
58mm f/0.95S Noct，画质顶级
昂贵的价格一定是少不了的。体积
相扣的，在这些条件的种种限制之
所以，才有了历史上那么多设计师
的体积，付出无数心血的故事。即
但那些经典镜头也不是谁一拍脑
的就是好镜头。加工工艺、装配精
追求的设计师在戴着脚镣跳舞的情
所以诞生了一些非常有故事、有品
蔡司"好老公"、福伦达至尊……

夜想曲

AI Noct-Nikkor 58mm f/1.2

尼 康 的 AI Noct-Nikkor 58mm
f/1.2 发布于 1977 年，"Noct" 这
个词来自于 Nocturne(小夜曲)。

尼康是一个特别有名的相机大厂，名头很大，历史悠久。我非常喜欢尼康 D
系列的镜头产品，除了光学素质好，还有个重要的因素：长得好看啊！颜值高的器
材，才能让你更加愿意拿出去用。

当然了，很多人会觉得尼康过于"直男"，阳刚的气息过于饱满，不够文艺，
其实尼康文艺起来也是很厉害的，就是经常没文艺到合适的点上而已。

尼康之前一直被人误解，说它的卡口太小，做不了大光圈镜头，这件事以讹
传讹，被不懂的发烧友奉为真理，例如当年色影无忌论坛上流行的"尼康卡口小只
能做半画幅数码机身，佳能才能做全画幅数码机身……"这样的荒谬论调让我觉得
奇怪极了——大家是没用过尼康胶片机身吗，那不是所谓的"全画幅"吗？

我们在前面曾经提过，从手动对焦时代到自动对焦时代，一道门槛就是要不
要启用全新的卡口——要不要放弃老用户，佳能就选择了换 EF 卡口！而尼康则坚
持使用 F 卡口——为了兼容老镜头，维护老用户，这是非常值得肯定的。但尼康也
吃了苦头，代价之一就是 f/1.2 以上的超大光圈镜头确实被卡口限制了。

不过，尼康的 AI 口和 AI-S 口镜头里面也是有超大光圈镜头的，比如 Noct-Nikkor 58mm f/1.2，这支镜头光看一下参数规格，就知道绝对不是善茬。

尼康在 20 世纪 80—90 年代制作镜头的用料非常扎实，拿在手里就是一个小铁坨的感觉，非常压手。不管是对焦还是光圈的定位，都是顶级镜头的手感。当年，这支镜头的价格很昂贵，产量低是其中一个原因，主要是这支镜头用了非常多费工、费时的手工研磨工艺，还有很多昂贵的特殊玻璃，光学质量确实很好。所以即使到了今天，它的二手价格依旧坚挺，这也是尼康铁粉一定要拥有的一支镜头。

很多同时期的日本大光圈镜头全开光圈勉强可用，而它的光学表现完全不同，你若是第一次用，肯定会惊讶于它的表现。很多老镜头全开甚至收一两挡光圈还带有一些"圣光"，看上去比较柔，但尼康这支 Noct-Nikkor 58mm f/1.2 的确不一样，全开光圈的成像就非常扎实，收小后素质迅速提升，装在今天的高像素数码相机上也不会太弱。它的光圈在尼康的镜头体系里真的算是很大的，大到为了光圈拨杆能工作，后口镜片边缘都被切掉了一些——看来它也确实是撑到了尼康 F 卡口的极限了。

超大光圈镜头的焦外光斑不可避免地会出现口径蚀，会形成围绕中心旋转的柠檬状光斑，这是不足之处，但同样也是超大光圈镜头的特色，很多影友就是因为喜欢这样的焦外成像效果才会购买超大光圈镜头。

这支镜头的色彩感觉非常像蔡司——阴影里会有浓郁的蓝调，整体风格非常沉稳，反差也很优秀，我看到这支镜头拍摄的片子时自己都感慨：尼康还是有两下子的，它老师（德国的卡尔·蔡司）的手艺还是学到了些精髓的。

整体来说，想要在市面上见到成色好的这支镜头并不是太容易，即使出现，价格也非常高。对于尼康铁粉来说，这支镜头在超大光圈镜头里面一定是顶级货了，完全不是 AI-S 55mm f/1.2 那种镜头可以相提并论的。

后来，尼康的超大光圈梦想也还在延续，最厉害的就是最近几年新出的 Z 卡口的 Nikkor Z 58mm f/0.95 S Noct。这支镜头素质极高，从中完全可以感受到尼康设计师憋了许多年的怒火与不甘，如今终于扬眉吐气，至于体积、重量和价格，不在乎！这支镜头全开光圈的成像质量就令人叹服，可以说是碾压徕卡"夜神"不让蔡司"猫头鹰"。如果你是尼康的终极铁粉，那么你会去寻找这支镜头背后的那些故事，体会尼康历史中的那些澎湃时刻，和那些不顾一切的追求。

尼康皱纹漆

尼康尼克尔镜头在不同时代，设计语言是不同的，其中我最喜欢的是 AF-D 时代。这个时代的经典产品很多，比如 AF 28mm f/1.4D "百变妖"、带有散焦控制的 AF DC 105mm f/2D、自动对焦鱼眼镜头 AF 16mm f/2.8D、AF 180mm f/2.8D IF-ED，等等。它们有个共同的特点，就是外壳上漂亮、低调又手感极佳的皱纹漆涂层！不要小看这层漆，这可是 AF-D 时代的顶级尼康镜头才有资格披上的"战袍"，大多数镜头都没有这个待遇。我当年做梦都想拥有一支皱纹漆的镜头。

那时候，我只能捧着尼康的镜头宣传页看啊看。第一页就是手工研磨非球面镜片的"银广角" AF 20-35mm f/2.8D，下一页就是"百变妖"拍的黄昏时湖边的鸭子。翻啊翻，我唯一拥有的那支镜头 AF 28-70mm f/3.5-4.5D 缩在角落里，图注写着"使用非球面镜片获得小巧的体积和极高的画质……"这短短的两行注解可以安慰我年轻的心。

那时候，哪里还敢想 AF 80-200mm f/2.8D 这种传说中的神器？去器材店的时候，我的眼睛都不敢首先瞥到放它的那一玻璃格，都是看一遍国产镜头才会慢慢看过去，终归是买不起的。

所以多年之后，身披皱纹漆涂层的 AF 80-200mm f/2.8D 已经是我心头的疙瘩了。我终于拿着辛苦挣来、省出来的 7000 块钱，从柜台里接过金色的包装盒。这，就是梦中的"小钢炮"啊，就是为了那传说中的皱纹漆，才有了这些年的挂念。从此，走路都感觉更挺拔了些。

梦想，还是要有的，万一哪天就实现了呢。

"刀锐奶化" 本尊

康泰克斯 Carl Zeiss Planar T* 85mm f/1.4

Carl Zeiss Planar T* 85mm f/1.4 发布于 1985 年。其实在 35mm 图片摄影领域，几乎每一个品牌的 85mm 定焦镜头都非常好用，都是各自的看家产品，但是康泰克斯的这支单反镜头让我感觉格外好——当然了，这个结论多少有些心理因素的影响。

海 / 供图

　　康泰克斯的这支 Carl Zeiss Planar T* 85mm f/1.4 也是当年我绝对买不起的产品之一。年轻时候的我只是看过别人用，它正面水汪汪的大眼睛真的太漂亮了，薄皮大馅儿，但是再一打听价格——打扰了，走好不送！

　　康泰克斯单反系统镜头的设计在外观上有非常高的辨识度，镜头的光学素质也是有口皆碑——当然镜头这个东西，只有停产了的才是最好的——只有这个品牌消失了，才觉得应该买一支它的镜头了。

　　Carl Zeiss Planar T* 85mm f/1.4 丝滑的对焦手感、优秀的成像质量、极高的颜值，总会让你觉得这个钱花得非常值。卡尔·蔡司这个名字就足以代表它的成像质量。它的色彩非常浓郁而扎实，这在日系镜头里面并不是很常见。光圈全开（f/1.4）时画质就非常出色，焦点锐利，焦外虚化效果自然细腻，尤其是 85mm 镜头焦外带来的立体感，会给你带来非常深的印象。虽然它不是现代镜头那种全开光圈就画质极锐的感觉，那种浓郁的氛围感才是这种镜头的特点。

　　这支生产时间很长的镜头，版本也有不少。有的在德国生产，有的在日本生产，

海 / 供图

所以就有 AEG、MMG、AEJ、MMJ 等不同版本的区别，很多发烧友极其迷恋德产，觉得那才是"血统纯正"，但是实际使用后从作品的成像上来客观地分析，并没有感觉不同产地的镜头有特别巨大的区别。所以在购买的时候，无须那么在意产地。

蔡司的每一支镜头其实都极具自己独特的性格——那是由背后的数学计算、镜片材质、光学结构、调校等很多因素决定的。蔡司对于冷调的表现确实非常吸引我，色彩并不艳丽，却很扎实。当尼康和佳能的镜头都玩过不少以后，就能感受到它们和蔡司之间的细微差别。

Carl Zeiss Planar T* 85mm f/1.4 这支镜头也有弱点。它的出片可能过于好了，很多时候会让你变懒，反正用它拍人像，只要模特不难看，差不多就能拍得挺好看，反而摄影师的成就感不强了。当然了，这是对于摄影师功力的极大考验——你是靠镜头，还是靠镜头后面的那颗头？

Otus
1.4/55

ft   3   6
m   0.9   1   1.2

没有缺点的镜头

Carl Zeiss Otus 55mm f/1.4

蔡司的摄影镜头系列，非常喜欢使用鸟类的元素来命名，可能跟蔡司早期生产观鸟用的望远镜有关吧，比如鹰眼、猎鹰、猫头鹰等。我极其喜欢猫头鹰系列！可以说这个系列镜头产品是蔡司在摄影镜头领域，对于极致影像的重要探索。

　　蔡司的猫头鹰（Otus）系列推出得比较晚，这个系列是蔡司汇集了 125 年的镜头制造经验，专门为了现代高分辨率数码相机而研发的镜头。这个系列的第一支镜头 Carl Zeiss Otus 55mm f/1.4 是 2013 年发布的，可以说一举定义了新时代镜头的顶尖素质标准，它除了极其优秀、无可挑剔的成像，完美的做工，硕大的体积、重量也以碾压之势镇住了其他所有摄影镜头，后来尼康在 2020 年推出的 Nikkor Z 58mm f/0.95 S Noct 才取代了它体积和重量第一的位置。

　　我总觉得，Otus 系列应该是蔡司对于上世纪牛眼系列的延续，尤其是 55mm f/1.4 这个规格——1958 年，蔡司为了应对徕卡的威胁，突然推出牛眼系列单反相机，质量非常高，但是价格极其昂贵，生产、交货周期又很长，最后于 1972 年停产，退出历史舞台，但是其镜头质量非常强悍，种类甚至包括显微、电子等镜头。直到现在，还有人在寻找牛眼系列镜头并寻求改口用在微单、无反或者徕卡旁轴相机上。

　　这支镜头明显使用了很多蔡司电影镜头对民用市场的技术下放——巨大的体积，复消色差技术，对焦的阻尼感调教，非常大的对焦行程，全金属的材质，景深标尺的开口式设计，对于呼吸效应的抑制，以及蔡司在电影镜头上标志性的黄色刻字也在这支镜头上闪烁着。

　　Otus 系列镜头的用料都非常充足，这支镜头的重量达到了 970 克，非常舍得下本，各种高级玻璃材料往里塞，10 组 12 片的镜片，其中 6 片是低色散玻璃。光学结构上，

泰国苏梅岛，在桌子上巡视的猫。

它并没有使用传统标准镜头常用的普兰娜、松娜等结构，而是为了追求极致的光学质量使用了更加复杂的反望远结构。APO 复消色差的设计、非球面镜片和浮动镜组的应用，也是优秀画质的保证，它的实拍素质真是好到极致，全开光圈就能横扫、秒杀一众标准镜头。其光学水平可以说基本达到了蔡司给 ARRI 做的大师级 Master Primes 系列电影镜头的水准。当然，这支镜头的价格也是很极致的。

如果你是蔡司镜头爱好者的话，用过就会知道这个系列要比 Milvus（猎鹰）、Loxia 等系列都要明显更胜一筹。如果不考虑价格的话，这支镜头完全有资格进入"顶级镜头"的行列。当年，我用尼康 D810 配合这支镜头拍了一张照片，回放的时候感觉：哇塞！怎么颜色这么好，结果发现不是我的技术好而是这支镜头的光学表现太好了。

尤其是全开光圈拍摄身边的景物，那个效果，只要看一眼你就会爱上这支镜头带来的空间感。记得当时我拍摄酒店窗外一棵棕榈树来试试对焦，结果取景器的磨砂玻璃上，那棵树从远景中被分离出来的感觉一下子就震撼到我了，很久没有这样完美的镜头能给我这样的视觉震撼了——上次这样的体验是在安装了蔡司新推出的电影镜头的 ARRI 电影摄影机取景器上！

毫不夸张地说，Otus 55mm f/1.4 无论是无限远还是最近对焦，不管是中心还是

泰国苏梅岛，路边的"加油站"门口专门卖油的货架。

边缘，都表现完美。我看着它拍的照片时，一边抚摸镜头一边发出感叹，"蔡司还是蔡司，江湖老大就是不一样。"等于你在拍摄的时候不用担心边缘画质下降、大光圈画质下降这种问题了。

几乎可以说：这支镜头是目前的民用镜头里，难得的几乎没有缺点的镜头。全开光圈的时候其素质就能战胜一众标准镜头，成像锐利而不干涩，反差明快通透，色彩浓郁不妖艳，同时还能拥有细腻丰富的高光、暗部层次，色彩中依然带有蔡司经典的冷调倾向。从焦点到焦外的过渡是非常细腻、平滑的，色散也控制得相当好。这种无与伦比的感觉，蔡司曾经在上世纪 60—70 年代的牛眼系列上给我们展示过，但是Otus 系列镜头更加漂亮。

Otus 系列镜头让我略微不太满意的地方在于：卡口比较少，以尼康和佳能为主。好在现在无反相机转接方便了，这样，其他卡口的用户也有机会体验到它美妙的感觉。我也听说有朋友试过将尼康口的 Otus 55mm f/1.4 转接在徕卡 M 相机上，成像虽然好，但镜头巨大的体积看起来太不协调了。

泰国苏梅岛，雨林里废弃的老路虎汽车。

普兰纳不会让你失望

ARRI Carl Zeiss Planar 50mm t/2.2

如果你喜欢夸张、离奇、招摇的焦外光斑，那么这支镜头可能不适合你。它没有那种张狂的特质，很多人觉得它"没特点"，但是就是这种沉稳如水的气质才给你的作品带来不同的味道。

蔡司为 ARRI 16mm 摄影机生产的这支电影镜头是给我印象十分深刻的一支镜头！这支镜头最早是做转接环的迦百列老师推荐给我的。我对于高龄的电影镜头一直是有所顾忌的，主要是很多老的电影镜头传说很多，很魔幻，其实拍摄效果并不好。另外，很多传说中的光斑特色，其实是像场不足硬撑带来的问题。这些镜头当个乐趣拿来玩玩是可以的，如果非要说"没有镜头可以超越"就有点过分了。

我们俩当时约在莫斯科餐厅，著名的"老莫儿"，迦百列从包里掏出一支小小的镜头递给我，黑不溜秋的，看起来很一般。我对着天花板的水晶灯拍了一张，看到照片时，真的有一种周围都安静下来的感觉，居然这么好！我一直期待的镜头终于出现了！

ARRI Carl Zeiss Planar 50mm t/2.2 有着小巧的体积，完美的焦点表现，不浮夸的焦外过渡，还是徕卡 M 卡口，一下子就把我征服了。这次见面之后，我就开始了漫长的寻找这支镜头的历程，最终花了我大概五年的时间，终于买到了一支完美的镜头。

北戴河阿那亚，夏季音乐节的摇滚演出。

　　由于 ARRI Carl Zeiss Planar 50mm t/2.2 这支镜头是 16mm 电影镜头，所以必须要经过改装才可以装在徕卡 M 相机上。一个办法是用改装的调焦筒套件，第二个办法是找一位比较有经验的老师傅直接改卡口，比如一水西来、镜头环保师、老镜新生等，他们的手艺是很精湛的。

　　要注意的是，这款普兰纳 50mm 镜头有两个版本：50mm f/2 和 50mm t/2.2。这两个版本还是有一些区别的，一定不要混淆，它们的价格相差很多倍，50mm t/2.2 的这支才是更好的选择。

　　当然，安琴等那些老电影镜头的视觉表现很浪漫，但是总感觉那些镜头的效果过炫。如果你喜欢夸张、离奇、招摇的焦外光斑，那么这支镜头可能不适合你。它没有那种张狂的特质，很多人觉得它"没特点"，但是就是这种沉稳如水的气质才给你的作品带来不同的味道。等你阅镜无数，才会爱上这种"风吹麦浪"的感觉。

俯瞰青岛中山路的老城区。

青岛中山路里院正在动迁，准备恢复原来面貌。

北戴河阿那亚，夏季音乐节在海边草坪上的演出。

青岛中山路里院的大门。

蔡司 "好老公"

变形消失的魔法

这支长得像"大眼萌"的镜头可以提供 106° 到 110° 的视角，而且几乎没有变形。不仅如此，设计师只用了三片玻璃就达到这样广的视角，不是神话是什么呢？这个镜组机构的名称叫作"Hologon"，极其喜爱它的蔡司迷随即给它起了一个十分有趣的中文名"好老公"。

莫高 / 供图

Carl Zeiss Hologon 15mm f/8 于 1968 年首次发布，最早出现在 1968 年发布的 Hologon Ultrawide 广角相机上，1972 年推出徕卡 M 卡口的版本，另附配件是一个取景器和一片中心灰渐变镜。

蔡司作为一家百年光学大厂，传奇故事有很多，1966 年发布的 Hologon 15mm f/8 肯定就是蔡司的传奇之一。客观地说，在超广角镜头这个领域，蔡司基本上从技术储备到专利储备再到设计师、材质等，都是真正处于遥遥领先的地位，就是大名鼎鼎的徕卡在超广角镜头这个领域和蔡司相比也是黯然失色。

Hologon 15mm f/8 这支镜头的设计师是埃哈德·格拉策尔（Erhard Glatzel）博士，这支镜头天才、大胆的设计，真是不可思议——这个视角达到 106° 度的镜头，光学部分只由三片高精度研削镜片组成。更不可思议的是，这个设计竟然真的被制造了出来——这支镜头的加工难度极大，镜片的弧面几乎是完整的半球面，中间那片哑铃形玻璃的加工难度也极大，成品率很低，据说当时研磨车间的工人心态都快崩了！

生产如此艰难，成本如此高的情况下，这支镜头蔡司也没有生产太多。1972

上海街头。

年，徕卡买下了蔡司剩余的 Hologon 存货，大概 300 多支，后来就成了传奇的徕卡 Hologon-M——如今也是天价镜头。

20 世纪 90 年代，蔡司采取了折中的改进版设计，Hologon 结构变成了 3 组 5 片，这支镜头就变成了给康泰克斯 G 系列旁轴相机用的 Carl Zeiss Hologon T* 16mm f/8，由于制造难度比较大，这支镜头也是康泰克斯 G 系列里唯一在德国本土生产的镜头。

G 系列的这支 16mm 镜头变形控制得极其出色，可以说肉眼都很难察觉画面边缘的变形，这会给横平竖直强迫症患者带来福音。代价当然是有的，比如光圈只有固定的 f/8，但是一般都是用这支镜头拍摄建筑，光圈并不是一个问题。

要注意的是这支镜头整个像场从中心到边缘的光线衰减是很大的，所以暗角明显。拍摄时最好还是使用自带的中心渐变中性密度滤镜。但是我倒是认为，暗角恰恰是很多广角镜头有氛围的表现，所以对于暗角不要过于惊讶和纠结，它是画面的一部分，不要追求完全没有暗角的感觉，那样往往会很乏味。

"好老公"这支镜头有着极高的锐度和非常浓郁的色彩表现。它不光可以用于室内摄影和拍摄建筑，用来扫街和拍摄人像也可以获得一种非常独特的视觉感受。

小空间拍摄人像也可以获得很好的空间感。

徕卡 "九枚玉"

Leica Summicron-M 28mm f/2.8

Leica Summicron-M 28mm f/2.8 是徕卡的第一代 28mm 镜头，于 1965 年发布。"九枚玉"这个外号其实是从"八枚玉"延伸出来的，九枚玉的意思就是这支镜头有 9 片光学玻璃。一般来说，徕卡的产品，不管是镜头还是机身，第一代都比较下本，做得比较用心，比较值得发烧友买来把玩，九枚玉也不例外。

有趣的是，这支 28mm 镜头诞生得太奇怪了、太突然了——徕卡当年发布这支镜头的时候，都没有对应的机身来使用，只能使用外置取景器。因为当时的主力——M2 的取景器里没有 28mm 的取景框。M4 发布于 1967 年，只有 35mm 的取景框，一直到后来 M4-2 机身发布之后，徕卡旁轴相机的取景器里才出现了 28mm 的线框。

这支镜头采用的是对称式的光学结构，它更像是一个大画幅镜头的光学设计，和蔡司的 Biogon 结构、施耐德的 Super Angulon 结构可谓异曲同工。外观方面，九枚玉和八枚玉的设计语言是比较相似的，都是宝塔形的外观，九枚玉的样子是两头粗中间收腰。对焦环上带有无限远位置的锁扣——这个锁扣就是徕卡迷的"命门"啊，咔嗒一声能要了他们的命。他们为了这个锁扣神魂颠倒，不顾一切。不过后来推出的 28mm 镜头就取消了这个设计，很多徕卡迷顿时感到索然无味……九枚玉的遮光罩和施耐德的超级安古龙二代 21mm f/3.4 的遮光罩是通用的，方正的收口造型装在镜头上错落有致，外观非常漂亮。

这支 28mm 镜头我极其喜欢，它有非常平稳、古典的光学表现，反差适中，光圈全开画质也有很好的锐度，收小光圈后，边缘和中心的表现几乎一样好，很难相信这是一支老镜头。特别是用它拍摄黑白照片，那绵延不绝的灰阶令人痴迷！这

北京国贸，一早准备工作的外卖小哥的例会。

种成像风格的确和反差很大的现代镜头有着巨大的差异。当你玩过很多使用了非球面镜片的镜头后，回过头来再看九枚玉拍摄的影像，就会感受到它平和、沉稳的气质。

以前，九枚玉价格并不算高，但是这几年其价格翻了很多倍，成了合格的"理财产品"。一个原因是它的产量并不高，徕卡一共只生产了3200支，连八枚玉产量的10%都不到。再加上光学素质好，影调层次丰富，这就是它被徕卡迷追捧的原因。

九枚玉分为德国产和加拿大产两种，无限远锁扣也分为黑和银两种——黑漆铜锁扣和银铬锁扣，还有镜头上的刻字，也有黄色和红色，它的细微变化很多。不得不感慨，徕卡粉丝确实是观察细腻啊！哪怕换个螺丝，他们也能"发明"出一个新的版本来。

　　还有一个要注意的特点是，九枚玉使用的是对称型光学设计，这使它的镜片后组伸出来很长，装在徕卡 M5、CL 这样的机身上会顶到机身内部的测光臂，导致损坏，使用时千万注意。

　　第一代九枚玉停产时，还有些剩余的外壳零件，徕卡这种厉行节约的厂家自然就是继续用，所以 28mm f/2.8 第二代早期镜头就沿用了第一代的锁扣外壳，但其光学结构已经是第二代的了，后组镜片缩回去了，有的不良商家用它挂高价卖，冒充九枚玉，请注意千万不要上当！

　　总体而言，如果用九枚玉拍摄黑白照片，它的确是很好的一支镜头，但它可能不适合每个摄影师，驾驭它需要有足够的能力和经验，刚开始使用的时候甚至会有点不习惯，但是相信我，等有一天你真的能够掌控它的时候，你会感觉非常棒。

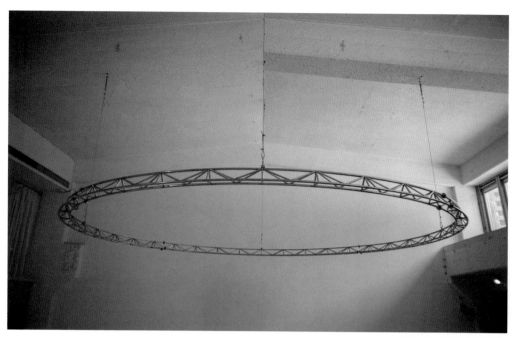

798 艺术区的演出空间。

朗园艺术区新的空间装置。

九枚玉的灰阶和高光效果非常出众。

徕卡"黄玻璃"

"五毒俱全"的魅力

Ernst Leitz Summicron 5cm f/2 是传说中的"黄玻璃"镜头,它使用了四片氧化钍镜片、一片铅火石平面玻璃,可以说是"五毒俱全"。日本的徕卡迷当年非常迷恋徕卡黄玻璃,甚至说"它是可以拍出空气的镜头"。

Ernst Leitz Summicron 5cm f/2 发布于 1953 年,1960 年推出过一批 L 卡口镜头,但数量极少。此外还生产过内置快门的珍品镜头。徕卡黄玻璃的故事非常复杂、曲折。按照字面意思来说,就是它的玻璃发黄,尤其是第一片玻璃从侧面看比较黄,但是并不像是加了黄色滤镜那么夸张,也不是镀膜发黄。日本的徕卡迷当年非常迷恋徕卡黄玻璃,甚至说"它是可以拍出空气的镜头"。

20 世纪 40—50 年代,徕卡为了做出更优秀的标准镜头,抢回标准镜头的市场份额——当时蔡司的 Sonnar 50mm f/1.5 把徕卡 Summitar 50mm f/1.5 的市场都给抢了——虽然徕卡的第一代光学设计大师马克思·贝瑞克(Max Berek)教授设计的 6 片 4 组 Summar 和 7 片 4 组 Summitar 5cm f/2 已经很不错了,但徕卡还是想更好。另外一个原因是,徕卡准备弃用早期的 L39 螺口镜头而重新设计采用插刀式卡口的镜头。这个变化也要求徕卡研制出高质量的标准镜头。在当时的情况下,要保证优秀的成像质量,又要小巧方便,可不是件容易的事情,现有的光学玻璃已经用到极致了,遇到了不小的瓶颈,所以开发和使用特殊的玻璃材料就被提上了日程。

1943 年,新镜头的研发任务交给马克思·贝瑞克教授,但是他的身体每况愈下,就由古斯塔夫·科林博格(Gustav Kleinberg)和奥托·齐默尔曼(Otto Zimmermann)接过了这个创造历史的机会。

"在当时要获得高折射和低色散的玻璃,唯一的方法是在玻璃中加入氧化钍(跨

界化学研究的物理学家孙观汉先生的代表作，1944 年的 VD=102.6 的玻璃就是在高折射玻璃中史无前例地添加高放射性元素，比如氧化钍）。这是一种具有明显放射性的材料，会使镜片在多年后变黄。许多设计师和用户都对这种材料有所顾虑。尤其是第二次世界大战期间柯达对氟酸玻璃（极低色散玻璃）的研究，更加证明了这一点。但是，放射性并不能影响氧化钍在光学玻璃中的运用成为一种新的趋势，其他玻璃厂大也争相推出含有氧化钍的玻璃……"（引自《皇冠上的明珠——Summicron 诞生记》，第六天魔王 / 文）。在众多厂家里，柯达和潘泰克斯都是使用辐射玻璃的急先锋，柯达 Ektar 和潘泰克斯 Takumar 镜头就使用了钍玻璃。

1949 年，徕卡采购了使用了英国的钱斯兄弟公司生产的高折射率低色散钍玻璃，这几片小小的玻璃成就了日后徕卡的传奇——"黄玻璃"镜头。

徕卡在一开始试制了两个批次共计 102 支镜头，每支镜头使用了 4 片钍玻璃！它们被秘密地投放到了市场来看反馈，为了做个记号，这 102 支镜头在 Summitar 后面标着"*"。这批镜头现在已经变成了收藏市场的传奇，价格是天价，而且难得一见。

在那个年代使用放射性玻璃这件事大家一开始是不怎么敏感的，那时候民众还没有意识到辐射的危害，后来发现研磨时产生的粉尘会被工人吸入肺部，危害身体，各个厂家才禁止了各种辐射玻璃在镜头上的使用。

北京白塔寺的胡同，是我拍摄人像经常去的地方。

而且，钍玻璃还是很贵的，成本太高。这种情况就倒逼徕卡开始研究自己的玻璃，徕卡很快就成立了自己的玻璃实验室。经过几年的努力，徕卡终于研制出了镧系玻璃，就是日后声名远播的 LaK9。这种玻璃可以获得与钍玻璃相比 99% 的素质，几乎没有放射性，并且价格也更加便宜。徕卡从这之后就开始使用镧系玻璃来替代钍玻璃，将第一代黄玻璃中的第 1、第 3、第 6 片钍玻璃换成了 LaK9 玻璃，第 7 片应该换成了 LaK9 或 BaF10 玻璃——所以后来的镜头就不是真正意义上的"黄玻璃"了。

有个情况不得不提：当时镧系玻璃的提纯不是那么稳定，很容易残留氧化钍，所以早期的 LaK9 玻璃还是会残留放射性的钍元素，导致一定号段的 Summicron 5cm f/2 镜头还是会发黄。

江湖上还有一种说法是，徕卡一开始订购的一批钍玻璃光学毛坯已经加工好了，徕卡没把它们扔掉，除了前面的 102 支试制版，徕卡还是将这些镜片安装在了一些镜头中，所以 92 和 99 号段的镜头比较集中含有钍玻璃镜片，还有很多钍玻璃镜片零散地出现在了 100 号段之后的 50mm 镜头上，比如 102、104、109 号段，甚至 110 号段也有，具体的数量无法查询——这些钍玻璃镜头和徕卡 LaK9 玻璃镜头是混合着的，也无法从官方得到确切的考证。

宁波老城区，剧组拍摄中，场务组正在放烟，
为马上开始的拍摄营造氛围。

从这支标准镜头开始，徕卡镜头在画质上取得了一个长足的进步。徕卡非常以这支镜头为傲，第一次使用了"Cron"这个词根作为镜头名字的结尾，象征着"皇冠、经典"，所以，这支镜头就叫作 Summicron！从此之后 Summicron 就是徕卡最经典的代表作品。

说起辐射头，是一个非常有意思的话题。江湖上流传钍玻璃镜头有这么几个特征：一，光圈上的 2.8 写作了"2,8"；二，光圈环不是一个平面，而是一个台阶状的两层结构；三，传言 92、99、102、104、106、109 这些号段的镜头是黄玻璃。其实这几个依据都并不是十分可靠——其实检测黄玻璃最好的办法就是把镜头侧过来看看第一片镜片黄不黄。还有一个更保险的方式就是使用盖格计数器，直接靠近测量镜头的辐射值，这才是最简单、好用的方法。基本上盖格计数器显示辐射值在 1.5 毫西弗以上的，就可以确定了。

另外还有一种可能，就是有的黄玻璃没有那么黄，但也有放射性，因为黄玻璃在紫外线的照射下能够变回透明。所以如果使用紫外线灯一直照射这支镜头的话，应该是可以变回透明的，这样的变化已经在很多潘泰克斯太苦玛镜头用户那里得到了验证——但我猜黄玻璃用户应该不会这么干。

北京白塔寺，冬日的斜阳照在高高的妙应寺白塔上，在附近的胡同里都可以远眺白塔。

抛开这些传说，Summicron 5cm f/2 确实是一支画质非常好的镜头，即使和现在的徕卡 Summicron 标头相比，都不落下风。这支镜头做工精美，拿在手里沉甸甸的，这支镜头只要没有拆修过，其光学性能一定可以让你满意，全开光圈画质就有很好的锐度，反差适中，尤其拍黑白胶片，那叫一个漂亮！黄玻璃在拍摄彩色照片时确实会有明显的黄绿色的调性，八枚玉也带有这样的调性。而这种特别的年代感十足的颜色，也成就了所谓的"徕卡味"——这是一种色彩感。有的时候，完全"正确、客观"的色彩还原，未必就是漂亮的色彩还原。

要注意的是，黄玻璃的镀膜比较软，非常容易就擦花了——如果全开光圈的成像效果太柔和，大多是由镀膜擦花造成的。我见过大量的黄玻璃，但很难见到第一片玻璃是完美的，所以使用过程中和擦拭时一定要多加小心。

作为徕卡 Summicron 镜头的开山之作，它就是一个传奇。但是因为是伸缩式镜头，长时间使用后难免让人觉得不放心，徕卡当然也想到了这点，所以徕卡在下一代标准镜头上就不再使用伸缩的设计，而是使用固定镜筒设计，这就是大名鼎鼎的 Rigid 镜头，那是后话了。

海边商家门口的鲤鱼旗。黄玻璃配合徕卡 M240 数码相机拍摄。

徕卡 "夜神"

Lecia Noctilux 50mm f/1（V4）

Lecia Noctilux 50mm f/1（V4）于 1993 年发布。拍出来清晰、纤毫毕现的影像当然很好，但是有些时候，清晰并不是镜头的全部魅力。

北京布克 / 供图

　　徕卡"夜神"的名称也是以"Noct"开头的。徕卡镜头能有外号的，一定都是传奇。

　　夜神？口气这么大！那肯定是有过人之处，也足以看到几十年过去，经过时间考验之后，大家对它的喜爱。在使用胶片拍照的年代，超大光圈是很有用的，因为胶片相机不能随时调整 ISO，只能提前装上高 ISO 的胶片或者中途换胶卷。所以那时候光圈大一挡带来的效果是完全不一样的。有时候甚至是能拍与不能拍的区别。

　　而对于摄影器材厂商来说，我觉得做这种超大光圈镜头，最重要的意义是展示"我能做出来"，而不会刻意地追求全开光圈的成像效果能有多完美。而 Noctilux 50mm f/1 这种夜神镜头，大家经常抱怨的所有超大光圈镜头存在的问题——各种像差、球差、彗差、口径蚀、全开肉……它都有。但是，徕卡迷们并不在意，他们更关心这些缺点所带来的味道。

　　使用这种镜头主要的意义，就是让你可以在弱光下使用较低的感光度去拍摄，仅仅这一个优点就够了。如果在万里无云的大中午拍摄，我就用 Rigid 镜头，光圈收到 f/8 去拍摄了。

　　纵观徕卡出的这几支夜神，我个人比较喜欢第四代——Noctilux 50mm f/1

北京怀柔，夜色下的女儿。

（V4）。这支镜头在徕卡夜神系列里相对来说体积小巧，遮光罩超级好看；全开光圈的成像质量一般，近距离拍摄成像也不是十分锐利，肯定不如现在的Noctilux-M 50mm f/0.95 ASPH——但当全开光圈（f/0.95）真的可用的时候，徕卡用户又觉得缺少了些味道——徕卡用户的内心就是如此矛盾和难以揣摩。

　　这支最大光圈 f/1 的老款镜头成像色彩比 f/0.95 的现代镜头成像色彩更加偏暖调，焦外光斑的"放飞感"也很强。正是这样的不足之处，才带来那种不可用语言表达的氛围感，以及弱光环境下的神秘感，很多人觉得这些特质才是它能叫作"夜神"的理由。拍出来清晰、纤毫毕现的影像当然很好，但是有些时候，成像清晰并不是镜头的全部魅力。

徕卡标准镜头的中坚力量

Leica Summilux-M 50mm f/1.4 ASPH

徕卡出过很多支 50mm 标准镜头。很多旁轴相机玩家会买很多支不同风格的标准镜头，用来把玩、搭配和真正使用。从使用和把玩平衡的角度来说，我个人认为发布于 2004 年的 Summilux-M 50mm f/1.4 ASPH（产品代号 11891/11892）是非常合适的。

过律 / 供图

Summilux-M 50mm f/1.4 ASPH 是徕卡标准镜头中绝对的中坚力量，它带抽拉式遮光罩，光学素质无可挑剔。它的体积比以前的标头略大一些，但是比 2023 年 4 月发布的新标头要小一些。

有人说它使用了非球面技术之后，画质过于锐利，反而丧失了所谓的"徕卡味"，但我觉得这个问题要分开看，因为现代技术必然带来锐利明快的画质，而前面我也说过，所谓的"味道"其实综合了镜头的很多特质，包括优点和缺点，所以要看使用者的需求是什么——不能在老镜头上开最大光圈去数毛，也不能在新镜头上强行寻找老镜头的味道。而且，徕卡也是在每一代镜头上不断地进行新的光学探索的，当年的冕玻璃、镧系玻璃是如此，后来的非球面镜片也是如此。我们非要要求一个相机厂商的光学水平一直停留在一个年代是不负责任的，实际上也是不可能的。

Summilux-M 50mm f/1.4 ASPH 在使用了新的非球面镜片技术之后，焦内成像确实锐利了不少，它的色彩自然明快，整体素质非常优秀，不愧是徕卡标准镜头的标杆。不过，非球面镜片的使用除了带来前所未有的锐度，也导致前景的虚化有一点夸张，有些看起来像是贴在照片上的一样。还有，这支镜头在数码相机上使用最大光圈拍摄会有明显的紫边——要知道这是出生在胶片时代的镜头，紫边在胶片上不是个问题。在数码相机上使用，后期也很方便处理。

过律 / 供图

Summilux-M 50mm f/1.4 ASPH

发布日期：2004 年

最小光圈：f/16

视角（对角）：47°

视角（水平）：40°

结构：8 片 5 组

光圈叶片：9 片

最近对焦距离：70cm

放大倍率：1:11.3

滤镜口径：46mm

尺寸：53.5mm×52.5mm

重量：335g

遮光罩：内置拉出式

　　如果你是新入门徕卡的用户，想要体会标准镜头那些传说中的素质和感觉，我认为这支镜头是不二之选。当你用得多了，以它为标杆，切实感受了徕卡的素质之后，再去体会各种老镜头的"味道"，那时候就有个参考了。它就是一个灯塔和参照系。这支镜头现在的二手价格也相对便宜（九成新大约 1.5 万元），按照徕卡的传统，只有等到这支镜头真正停产的那一刻，才是它传奇的开始……

剧组的拍摄场景搭建中。

青岛的海边。

北京奥林匹克森林公园，下午的阳光把栏杆织成漂亮的光影的网。

沃尔特·曼德勒的代表作

Leica Summilux-M 75mm f/1.4

Leica Summilux-M 75mm f/1.4 发布于1981年。这支镜头是沃尔特·曼德勒博士的收山之作，曾经有人说，这是曼德勒为自己设计的最后一支镜头。你可以听出来潜台词吧，就是——这支镜头很棒！

　　75mm 镜头用在旁轴相机上确实有一点长，取景线框使用起来比较难受。对我来说，在旁轴相机上使用 75mm 真是我的极限了。当你透过取景器看到那个小小的 75mm 线框，外面很近的位置就是 50mm 线框，还是会觉得有点不方便。

　　但是，当你用数码相机拍完看到回放的一瞬间，你就会由衷地发出一声感慨，"哇！这真是太棒了！"这支镜头的表现可以称作"刀锐奶化"，焦点扎实不生硬，景物在焦点之外慢慢化开的那种感觉真是非常细腻、优美。这种散景给人带来的美感，其实比 50mm 夜神的"暴力虚化"更加优美、内敛，属于平和从容的美感。

　　我最喜欢用 Summilux-M 75mm f/1.4 拍黑白照片，那种绵长的灰阶和九枚玉的感觉一脉相承，实在是让人迷恋。如果拍摄半身的中景人像，可以放心地全开光圈，你会看到人物很柔和地从背景中浮现出来，而不是突兀地"贴"在完全虚化的背景上，它与背景有着细密的联系。光斑什么的其实只是附送的效果，细腻的"空气感"才是真谛。

　　这支镜头从手感到成像素质，各个方面都是比较完美的，只是有的摄影师拍人像时习惯用 85mm 焦段，那么可能会感觉 75mm 视角不够窄，但是实际使用的时候，视角并没有差那么多。

北京颐和园，春天的花刚开，带着女
儿来游园。

　　Summilux-M 75mm f/1.4 的体积比夜神大，但也没有 Noctilux-M 75mm f/1.25 ASPH 那么夸张，尤其是后者堪比咖啡罐的大小，插在徕卡 M 机身上非常不协调。如果拿这两支镜头在相同的位置上拍摄，Noctilux-M 75mm f/1.25 ASPH 的虚化效果肯定更强——但是一幅好的人像作品，并不是比较谁的背景虚化能力更强。Summilux-M 75mm f/1.4 没有 Noctilux-M 75mm f/1.25 ASPH 咄咄逼人的感觉，它的效果是很内敛的。如果你需要一支很低调的人像镜头的话，那么它很可能是你唯一的选择。

　　这支镜头也有一个先天的缺陷，它有点"近视眼"，特别是加拿大生产的批次里，50% 的镜头焦点有偏移，这在无反 / 微单相机上可能不是个大问题，因为可以用后背放大对焦，但是在徕卡 M 上用双影重叠对焦的时候，我还是觉得这是个很大的问题。而后期的德产版本已经解决了这些问题。

　　也有一种可能是 M 机身的测距器出了一些问题，长焦镜头、高像素会放大这个小问题，毕竟德国大叔手工装配的徕卡 M 机身也不是绝对不跑焦，经常检查还是必要的。

贵州黄平，艺术节上演出的摇滚乐队。

沃尔特·曼德勒的传奇

徕卡镜头的传奇设计师沃尔特·曼德勒博士在徕卡粉丝心中一直是神一般的存在。曼德勒是继马克思·贝瑞克教授之后徕卡光学设计的第二代核心人物，他主导了徕卡镜头的黄金时代，可以说徕卡历史上的完美、传奇镜头，基本都集中在他的麾下。其跨度之大，作品之多，后人难以超越。

当年徕卡在巴纳克相机上所取得的成功非常显著，而与奥斯卡·巴纳克合作的第一代光学设计师马克思·贝瑞克教授是那个时代的标杆人物；而 M 时代正是曼德勒走上舞台大放异彩的开始。

曼德勒主要的辉煌是在徕兹加拿大工厂时期，在那里他起到了定海神针的作用。那个时期是单反相机蓬勃发展的时代，整个旁轴相机体系在那时就是日薄西山，徕卡所承受的压力相当大，成本也在逐渐攀升，徕卡甚至动过放弃旁轴主要发展单反相机的念头！曼德勒正是在这样艰难的时刻主持了徕兹加拿大工厂的工作，不可思议地推出了一系列经典产品，可以说徕卡能活到现在，他做出了不可磨灭的巨大贡献。

传奇镜头八枚玉就是曼德勒在加拿大搞出来的，换个人就凭这一支镜头也可以吹一辈子吧。而这仅仅是他的代表作之一，其他作品还有：令人惊叹的钢嘴儿（35mm f/1.4）、夜神（Noctilux 50mm f/1）、E43（50mm f/1.4），还有七枚玉、六枚玉、三枚玉、Elcan 军用版器材……徕卡的单反系列 R 镜头也是精品频现。

曼德勒更倾向于球面镜片的极致运用，像 Summilux 75mm f/1.4 这种人像神器就是他极致审美的体现。夸张地说，徕卡镜头的"德味"，就是曼德勒确立的。一定有人觉得这是玄学，这件事情真的没办法统一认识、对齐颗粒，但是我个人觉得确实存在。曼德勒在球面镜片时代推出的作品具有那个时代的风格特点，也带有那个时代的缺陷，这些光学设计和选择其实恰恰形成了独特的视觉风格。这正是曼德勒的审美体现——不论是镜头成像的风格还是外观。

曼德勒带领徕兹加拿大工厂干得风生水起，徕卡的德国工厂也没闲着，开始酝酿第三代光学设计的转型，逐渐深入探索非球面镜片的使用。徕卡在一步步提升画质的道路上可以说是从未放松，随着 ASPH 非球面镜片的大范围应用，镜头的各项指标进一步提升——更高的反差，更好的边缘，更锐利的成像。锐利通透的新风格吸引了不少新用户，但很多老用户就是喜欢曼德勒时代的镜头味道，不喜欢非球面镜片带来的现代感。这样，新一代镜头的诞生宣告徕卡的曼德勒时代落幕，而这也是曼德勒的作品封神的开始……

古稀老人的积淀

福伦达至尊 Nokton 50mm f/1.5

福伦达至尊 Nokton 50mm f/1.5
发布于 1952 年，为 Prominent
35 系列相机所打造。

周戍霖 / 供图

福伦达至尊在 20 世纪 40—50 年代风光无二，甚至比蔡司 Sonnar 50mm f/1.5 还有徕卡 50mm f/1.5 画质更好。福伦达在第二次世界大战结束后开发了至尊系列相机，传承了福伦达一直以来的优良工艺，在普通爱好者和专业摄影师中一炮而红，Nokton 50mm f/1.5 作为这个系列的旗舰标准镜头当然质量极好。

Nokton 50mm f/1.5，这支镜头做工精良，完美地体现了福伦达的工业实力，手感扎实，银色镀铬的镜筒到今天也是闪闪发亮，其电镀技术明显优于同时期的徕卡。这在福伦达的 Vito 系列上也可以看得很清楚，那细腻、油润的镀铬感觉就像老爷车上的仪表盘一样动人。

Nokton 50mm f/1.5 镜头的光学素质相当好，全开光圈成像就很扎实，完全想不到这是一支年过七旬的老镜头。我很喜欢用它拍彩色照片，虽然色彩调性和现代为了数码相机研发的镜头肯定有所区别，但是那种浓郁感恰恰是它成像的动人之处。

影友们最喜欢的应该是它开大光圈时焦外的光斑，有着强烈的旋转感，但和匹兹伐镜头那种旋转到头晕的夸张感觉不一样，如果人物放在画面中间，背景光斑形成的围绕感还是很漂亮的，相当有辨识度，福伦达也以此效果为荣。

出于对至尊系列的满意，福伦达还专门推出了 L39 螺口版本，数量很少，现在也是收藏市场的热点。Nokton 50mm f/1.5 出过五个版本，外观上的差别大于成像的差别，

上图：北京三里屯，正在改建的商场。

右上：北京银河 soho，夜色中的光影很适合
展现至尊的焦外风格。

右下：北京三里屯，路边从不缺豪华跑车。

所以只是拿来拍摄的话，不用纠结于稀少的版本，实际效果都差不多。

现在，很多老镜头爱好者会把至尊镜头进行改口，比较常见的是改成徕卡 M 口，体验一下至尊的感觉是很划算、很有趣的。

这支镜头的价格一度被炒得很高，到了一万元左右，这就有点夸张了。它确实很有特点，但也容易开胶、消光漆脱落，所以在二手市场上很难买到成色非常好的。如果拿来使用的话，其实开胶、掉漆也问题不大，不用过于追求完美成色。

总的来说，福伦达至尊系列，是很好的镜头，可惜这个相机系统因为各种各样的问题，优缺点都突出，没有发展好。而无反 / 微单时代的到来拯救了这些老镜头，使它们不再蒙尘。如果有机会借来或者买一支，好好感受一下老镜头的感觉，也是摄影爱好者的一大快事啊！

被忽略的好镜头

乌雷 35mm f/3.5

英国的伊尔福作为一个胶卷厂商，其实在相机上也做过努力，其成果就是伊尔福白美人相机，但是都被人忽视了。乌雷其实是伊尔福白美人上标配的镜头。

Ilford Advocate I 相机发布于 1949 年。
Ilford Advocate II 相机发布于 1953 年。

伊尔福白美人一代相机（Ilford Advocate I）搭配的是英国刀梅公司生产的 Anastigmat 35mm f/4.5 镜头，二代机型上搭配的是乌雷公司生产的 Lustrar 35mm f/3.5 镜头——这是一支完全被爱好者们忽略了的好镜头！可能是很多人根本没听说过的好镜头！

伊尔福当时出的白美人这台机器，是在不可更换镜头的民用便携相机上最早使用 35mm 镜头的。白美人一代上的那支刀梅镜头也一直被市场冷落——它在我的"闲鱼"收藏夹里躺了两年多，价格都是 2000 元，没什么变化。

后来我查资料才知道，这台相机还有 Ross 和乌雷的版本！ Ross 的版本很少见，乌雷 35mm f/3.5 的版本大概有 200 至 400 台，也非常稀少。后来我在二手市场上淘到一台，但确实没有用它拍过什么像样的照片。这台相机是普及型产品，机身的快门只有几挡，所以我考虑，要不就给它改口吧，转接在无反相机上使用。

万万没想到啊，这一改，就改出个惊人的效果！

宁波，剧组的拍摄现场，连续的夜间拍摄。

　　配备刀梅镜头的白美人，整个机身和镜头都是以白色、银色为主，干净、漂亮，女生拿着很好看。而乌雷镜头则是深色的，在白色机身上非常显眼，也可以说挺不协调的。如果你在二手市场上见到了乌雷版本的白美人，一定不要错过，一旦错过不知道要等多久才能再遇到。我把这支乌雷镜头改装成徕卡 M 卡口，使用后感觉异常惊喜！乌雷的成像扎实，很有英伦风格，全开光圈（f/3.5）的时候锐度没什么问题，反差要比刀梅还好，色彩很舒服，和八枚玉有相似之处。我最喜欢用它来拍摄黑白照片，对灰调的表达和对高光的控制，确实水平很高。乌雷镜头只有黄豆大小的小玻璃片就能有这么好的光学表现！

　　如果你喜欢英伦成像风格的镜头，对于体积有着苛刻的要求，外形还要古典，我想这支镜头一定会打动你的。

上图：宁波，剧组紧张的拍摄中，搭建绿幕为后期特效做准备。

下图：宁波，剧组在傍晚的大雨中坚持拍摄，这是杀青前的最后一场戏。

右图：灯光组为现场带来美妙的光影。

一杯好茶

Cooke Speed Panchre 50mm f/2

Cooke Speed Panchre 50mm f/2
发布于 1930 年，MGM、环球等电影
制作公司都使用过这支镜头进行电影
拍摄。

库克作为"ACDK"（A 指 Angenieux 安琴，C 指 Cooke 库克，D 指 Dallmeyer 刀梅，K 指 Kinoptik 坚无敌）其中的一个，其实已经不需要刻意说它有多么好了，有那么多传说的品牌不会是浪得虚名的，尤其是电影镜头的江湖上哪里会有等闲之辈呢。

19 世纪末，英国库克公司的光学设计师丹尼斯设计了一款对未来影响深远的镜头，只用了三片光学玻璃就达到了非常好的画质，这个结构后来就被叫作"Triplet"结构。但是库克公司当年对于摄影镜头并不太感兴趣，于是设计师就联系了泰勒 & 霍伯森公司。没想到这个产品在泰勒 & 霍伯森公司一经生产销售反响非常好，库克公司后悔了，于是授权泰勒 & 霍伯森公司可以继续生产销售，但是 Triplet 镜头必须打上库克公司的标志"cooke"，算是两家联姻。

那个年代正好是电影迅速发展的一个黄金时期，于是泰勒 & 霍伯森公司一鼓作气，它们的电影镜头系列应运而生，命名为 SP 系列，特点就是体积小、重量轻、画质不错。这个系列出来之后非常受欢迎，可以说是声名鹊起，于是泰勒 & 霍伯森公司进一步改良，就有了 SP 二代镜头。

这支镜头体积小巧，和现代的徕卡镜头差不多。当你试着转动它的光圈环和对焦环，就可以感受到这种英式电影镜头的制造水准，阻尼适中，恰到好处，光圈

海南万宁，盛夏的海滨椰林。

的手感尤其出色。

这支镜头和同时代的其他产品相比，应该是碾压水平。画质就不用说了，全开光圈成像扎实，颜色也非常沉稳、厚重，不是那种色彩艳丽型的镜头，而且对于高光的控制尤其出色，高光部分保留的细节也更多。可以做到这样的画质，不完全是光学设计上的问题，玻璃本身的材质也要足够优秀——当然代价就是价格昂贵。二手市场上随便找一支就得两三万元，使用它的大多是徕卡镜头已经玩腻了的富有的摄影师。

这支镜头的表现不属于安琴或者至尊那种炫目型的，第一次用的时候不会有"哇！这个光斑好炫啊！"之类的感叹，只有当你看过太多焦外炫目的镜头，你才能体会到这支镜头的沉稳气质。

在口渴的时候，很多人喜欢冰可乐带来的刺激，而没有心思体验一杯好茶带来的淡淡清香。如果你对于复古的电影感和偏冷调的英伦风格有兴趣的话，那么这支镜头应该是正中下怀。这种电影镜头装在徕卡机身上都需要改口，会非常考验改口师傅的审美，所以还是谨慎为上。

海南文昌铜鼓岭，热带植被丰茂，生机勃勃。

海南海口，历史悠久并一直烟火气不断的骑楼老街。

海南海口，骑楼老街的楼上，冷调覆盖了整个画面。

Leica 35mm Lens: The Spokesperson of
Documentary Photography Perspective

徕卡 35mm 传奇

"纪实"视角的代言者

徕卡的 35mm 镜头几乎每一支都非常著名，可以称作"传奇中的传奇"，35mm 镜头在很大程度上就代表着纪实摄影的视角和拍摄方式，可见徕卡在这个焦段的深耕。

作为徕卡迷，如果想购买 35mm 镜头，极有可能陷入万分纠结的境地。徕卡的每一支 35mm 镜头都有它的特点，互相不可替代。徕卡的 35mm 镜头其实并不是特别多，大多是值得玩的精品。很多徕卡迷对 35mm 镜头爱到发狂，买了第一支就想买第二支，然后还要不同涂层的；银的要黑的也要，黑漆的砸锅卖铁也想要；对焦刻字黄的要，红的更得要，灰色限量的必须要；前期号段的要，后期号段的也要；蓝紫镀膜的要，金色镀膜的更得要；有锁扣的要，有月牙的也要，有按钮的也得要……反正爱到痴狂的并不稀奇。

还有一件十分有趣的事，徕卡迷在谈论 35mm 镜头的时候，自有一套"黑话"，也就是用代号来区分不同年代、不同规格的 35mm 镜头，如果听不懂这些"黑话"，说明你的段位可能还不够高，"中毒"还不深，瘾还不够大——八枚玉就不用多说了，除此之外，双非、钢嘴儿、圣光、七妹、小八、小小八、11874、11663……每一个代号都代表一支 35mm 镜头，好玩吧。35mm 镜头是徕卡迷的心结，是梦想，是情怀，是追求，更像是徕卡迷的宿命，只有热爱是唯一的解药。

徕卡 11874

Leica Summilux-M 35mm f/1.4 ASPH

Leica Summilux-M 35mm f/1.4 ASPH，代号 11874，发布于 1994 年。它的风格既不过于老，又不像数码时代的镜头有那么高的对比度和饱和度，色彩还原纯正，如果用它拍反转片会有得体、恰当的感觉。

    35mm 镜头历史悠久，产品众多，这里我觉得通用性非常好的一支就是徕卡 Summilux-M 35mm f/1.4 ASPH，代号 11874！当然了，钢嘴儿好不好？双非好不好？肯定很好，但是不幸的是我买不起，所以 11874 才是我的选择。

    11874 和它的后一代也就是第四代的 11663 都是 35mm 这个焦段的领头羊。这两支镜头的素质其实非常接近，差别很小，画质的差距其实比外观的差距还小。11663 的改进之处在于添加了浮动镜组，所以近距离拍摄的表现要更加出色一些，另外克服了收小光圈焦点漂移的隐患，但实际上在使用的时候，其实画面的区别几乎是看不出来的。在有些情况下，背景光斑过渡更加细腻的反而是 11874。

    11874 的遮光罩我很喜欢，我认为 11874 的遮光罩比 11663 的要文艺很多。11874 基本上属于很现代的镜头了，但是同时又带着古典的味道，它的生产年代其实是在胶片向数码过渡的这段时间，所以它的风格既不过于老，又不像数码时代的镜头有那么高的对比度和饱和度，色彩还原纯正，如果用它拍反转片会有得体、恰当的感觉。

    它的中心锐度在光圈全开时就相当好，收到 f/4 简直就完美了，同时又有着细

敦煌市博物馆复制的敦煌石窟经典洞窟，可以清楚地欣赏无与伦比的造像艺术。

腻的背景虚化能力，不瘟不火，绝不会用夸张的光斑来干扰主体。

　　11874 非常适合于拍摄胶片，当然在拍数码上也完全不在话下，但如果你对高像素"数毛"非常着迷，那么，我更推荐你去数码相机上感受一下徕卡 35mm f/2 双 A 镜头，它代表着徕卡近些年的审美走向。

　　11874 更适合于新入徕卡坑的影友，用它来感受传说中徕卡的高素质和优雅，玩透了之后，再去体验老镜头的味道，就可以少走弯路。用它来创作的话，它绝对是一支让你放心的好镜头。

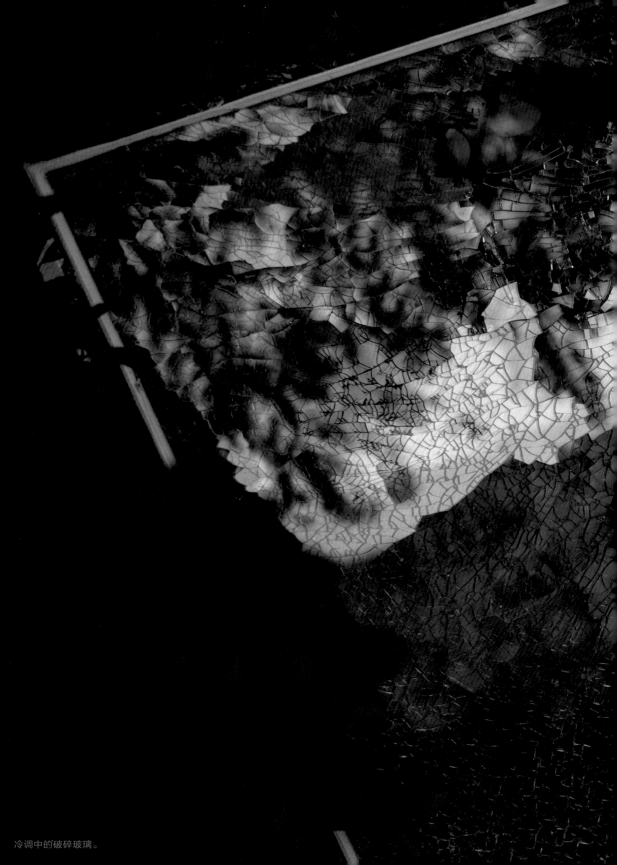
冷调中的破碎玻璃。

徕卡 11882 "A妹"

Leica Summicron-M 35mm f/2 ASPH

Leica Summicron-M 35mm
f/2 ASPH，代号11882，发布于
1999年。这支镜头也被徕卡迷们
起了一个亲切的外号"A妹"。

王东 / 供图

Leica Summicron-M 35mm f/2 ASPH 是一支素质出色却一直被徕卡迷所嫌弃的镜头。嫌弃它的徕卡迷都觉得这支镜头成像太锐利，反差太高，颜色太艳丽，光学表现过于现代了。但是，绝对没有人敢说它素质不好。

这支镜头用了非球面镜片，成像锐利、反差大，体现了徕卡对现代镜头语言和调教风格的理解。无论你用的是胶片相机还是数码相机，锐度上绝对有保证，而且它的体积很小，这些分明都是优点呀！

至于说颜色，我觉得和拍摄环境有很大关系——徕卡镜头普遍适合弱光和弱反差的光线环境。在强光下，对曝光的要求就比较高了。

这支镜头是我使用时间最长的徕卡35mm镜头，根据我多年的使用经验来看，这支镜头在各种情况下都值得信赖。要说缺点的话，我能挑出来的不足有两个：一个是和11874相比，边缘的桶状畸变要明显一些；另一个是开大光圈拍摄，背景有光斑的时候，非球面镜片在光斑里形成了一个核儿，不够平滑。这可能是有的人不喜欢这支镜头的原因。

德国法兰克福，教堂一角。暗光环境下的镜头表现非常优异。

　　这支镜头有个我很喜欢的特点，它银色的镜身那款是纯铜镀铬的，徕卡迷对于铜、黑漆之类的有着天然的情感——而这支镜头是最后的非限量版的纯铜制作镜身的镜头。二手镜头非常便宜，基本不会被骗，比那些不知道倒过几手的"小八枚玉"靠谱多了。

左上 / 左下 / 右上 / 右下：欧洲的街巷，随时可以捕捉光线和色彩。
Leica Summilcron–M 35mm f/2 ASPH 对黄色表现极其出色。

徕卡 11873 "双非"

Leica Summilux-M 35mm f/1.4 ASPH

Leica Summilux-M 35mm f/1.4 ASPH，代号 11873，发布于 1990 年。这支镜头的外号"双非"的意思，就是它使用了两片非球面镜片。

在那个年代，使用非球面镜片是件可以吹牛的事情，对于徕卡而言在一支镜头上使用两片非球面镜片那是非常不平凡的。当然了，现在这种事已经不算稀奇了，很多厂家使用了非球面镜片，都不会特意去宣传。

这支镜头在当年造价确实非常高，做工也非常漂亮。徕卡的特点是无论是机身还是镜头，第一代产品基本上都会下血本。于是，这支镜头不出意外地成为徕卡的一个传奇。

在实际拍摄的时候，相比 11663 这支镜头确实有它独特的味道，它对于高光的控制确实要特别一些。一定要比较全开光圈的锐度的话，它也没有你想象的那么神奇，虽然锐度没有问题，但是和现代镜头相比，并没有什么巨大的差别。

这支镜头的氛围感很好，在当年的同时期镜头里制造工艺更加现代，成像又非常细腻。徕卡可以兼顾氛围和锐度，在这两者之间找到一个很好的平衡点，这也是徕卡的风格之一吧。

11873 现在的价格太贵了，比较新的二手镜头要 13 万元以上。所以，拥有它的人也很少舍得拿出来使用，这就导致江湖上的传说太多了，迷雾重重。

徕卡 "八枚玉"

Leica Summicron-M 35mm f/2 一代

Leica Summicron-M 35mm f/2 一代，发布于 1958 年。这就是大名鼎鼎的徕卡 "八枚玉"。日本曾经掀起过徕卡狂热的风潮——应该说这样的风潮从未停止过。

迟骋 / 供图

徕卡 Summicron-M 35mm f/2 一代，外号 "八枚玉"，这是日本人给它起的爱称。其实很好理解，就是镜头有 8 片玻璃的意思，"玉" 这个字在日语里有圆圆的东西的意思。这和中国的 "玉" 不是一回事，但是镜头一叫 "玉" 就给人非常高级的感觉，后来这个称呼就在中国直接沿用了。

有关这支镜头的传奇实在是太多了，网上有诸多相关的文章，我就不过多说它的故事和参数了。我觉得这是一支成像非常扎实的带有古典风格的镜头，只要没有拆修过，素质还是非常不错的。但是也不要迷信什么它转接中画幅相机能够喂饱一亿像素这样的传言，这个器材配置是真的不适合它。

它的焦外成像其实是属于硬朗风格的，并不像很多人所说的，像奶油一样化开。如果和所谓的七枚玉相比的话，它的焦外虚化效果确实没有那么强烈，甚至会觉得二线性有点明显，边缘光斑也挺夸张的，如果你非常迷恋大光圈 "暴力虚化" 背景的话，还是放过八枚玉吧。

北京奥林匹克森林公园，八枚玉对蓝色的还原显得比较旧，有低饱和的厚重感，焦外边缘的光斑很有标志性。

　　如果使用八枚玉来拍黑白照片，我是极喜欢的，反差没有现行版镜头那么高，那么透亮，配合 Tri-X 胶片，那影调简直舒服得不行。使用八枚玉拍摄彩色照片也是很好的，高光里的黄绿调很有特色，现行版徕卡镜头就没有这个高光的调子了，这也体现了不同时期的镜头会有不同的色彩倾向。

　　八枚玉也有眼镜版本，装在 M3 上面非常协调，就是有点麻烦。不过眼镜版八枚玉的价格倒是比非眼镜版的便宜不少。而且由于眼镜版购买的人不多，所以在它上面动手脚、作假的事情也很少，如果买二手镜头的话倒是个不错的选择。

　　八枚玉现在二手市场的价格很高，成色很好的价格在三万至五万元之间，所以很多人会对它动邪念——拆修、擦雾、拼装、翻新之类的事情非常多，想找一支靠谱的着实不易，所以如果不是从知根知底的商家或藏家、影友手中购买八枚玉，还是要谨慎一些的。

右上：八枚玉的黑白调子是比较厚重的。

右下：北京 798 艺术区的火车头。

Summicron-M 35mm f/2 镜头参数

设计师：沃尔特·曼德勒

外号：八枚玉

镜组结构：8 片 6 组

光圈范围：f/2-f/16

最近的聚焦距离：0.7m（M 卡口无眼镜版本）；0.65m（M 卡口眼镜版本）；1m（L 螺口版本）

光圈叶片：10 片（11008）~16 片（11308、11108）

对角线视角：64°

滤镜口径：E39

外置取景器货号：12010

尺寸（长度 × 直径）：28.4mm×51mm

质量：150g（不带眼镜）/225g（带眼镜）

徕卡 "钢嘴儿"

徕卡第一款 35mm f/1.4 镜头

"钢嘴儿"，顾名思义，就是镜头的前圈是一个钢圈，银光闪闪的，就凭一个圈就敢卖到十几万元的价格，这也有点太离谱了吧，难不成这个圈是白金的？其实吧，是不是钢圈不是关键，日产福伦达的镜头几乎全是钢嘴，也就两三千元啊，可见其价格高并不是因为这个圈的材质。

此镜头名气大，是因为这是曼德勒设计的名头之一。在那个年代，这是徕卡第一支 35mm 焦段的大光圈镜头，而徕卡一贯的传统是第一代产品极其下功夫，这支镜头自然是做工精良、素质出众、数量稀少，满足这三个条件才得以成就传奇。20 世纪 60 年代开始生产的钢嘴儿，作为当时徕卡光圈最大的 35mm 镜头，可以说画质好不好都不是绝对重要的，"f/1.4 的光圈我有！"才是最重要的。

刚开始，我也觉得这支镜头可能就是名声大而已，等到真的拿到手上把玩，才发现确实做工精良。首先是令人销魂的锁扣，这个是"必杀技"；遮光罩的做工真的有点夸张了，非常精细，拧到镜头上轻轻一转，丝丝入扣，严丝合缝，光是拆装遮光罩这个步骤就能征服无数摄影师。你也就能理解为什么我们总是说"玩徕卡"了吧，真的好玩啊！

目前市面上常见的钢嘴儿是银色的，黑镜身的就贵了，如果连钢圈都是黑的会更贵。还有一部分叫过渡版，就是圣光的镜头用了钢嘴儿的外壳，我朋友的就是这个版本，也很有趣。

　　钢嘴儿的光圈环是我最喜欢的，如同优雅的翅膀一样，环绕在遮光罩外侧，明显比八枚玉装上遮光罩调光圈的手感好 100 倍！于是这个优雅的设计延续到后面出的圣光上面，才使得圣光被我认为是徕卡最超值的"花瓶"，在如此高的颜值面前，其他全都不重要了！可惜这个设计后来没有了，连徕卡自己近年复刻的钢嘴儿也没能还原这个细节，实在是遗憾。

　　从实际拍摄对比看，我感觉钢嘴儿和圣光的风格还挺像的，全开光圈的画质没有 11663 的锐利，但是高光真好看，尤其是在室内弱光环境下，和现在使用非球面镜片的镜头明显不一样，这种感觉就能迷住很多喜欢老镜头风格的徕卡粉丝。

　　这支镜头小巧紧凑，刻字精细雅致，加上优雅的遮光罩，近乎完美。外观这种东西，真是奇怪，徕卡竟然只在那几年呈现过这样优雅的设计，随着它的停产，几成绝唱！

徕卡 "圣光"

Leitz Canada Summilux 35mm f/1.4

世界上很可能只有徕卡可以拿着"缺点"当"风格"来吹，最典型的代表就是"圣光"！

这支镜头颜值确实极高，比近些年受热捧的七枚玉好看太多了。七枚玉的确比较小巧，但是加上遮光罩的话颜值直接减 50 分。而圣光就完全不同了，不加遮光罩就相当好看，加上那是更加好看。

如果只是看颜值，那么七枚玉是万万不能和圣光相提并论的，更不要说取代了。真说小巧，前面的八枚玉还没吱声呢！

论"圣光"的名字来源，顾名思义，它全开光圈的时候高光部分会有一圈柔和的光晕。尤其是像自行车把手、不锈钢栏杆这种高反射率的物体，拍出来的高光点就像加了柔光镜，晕出来一层轻雾，就像是自身在发光一般。徕卡迷将其称为"圣光"，神圣的光晕啊，是不是感觉一下子就高级起来了！要说会玩，还得是徕卡迷啊！

这支镜头全开光圈时的成像比较柔和，焦点处也不锐利，第一次用的影友会感觉没对上焦，其实是对上了，但圣光全开光圈拍摄就是这种朦胧美的风格，收小光圈就好了，锐度和层次表现都相当好。

　　圣光和钢嘴儿的外形非常像，唯一的区别是嘴巴不是金属的（我觉得圣光的外形更协调）。钢嘴儿的调焦环无限远锁扣在圣光这里变成了没有锁定的塑料月牙，其实更好用了，但是这个设计也是见仁见智，粉丝们谁也说服不了谁——都买就解决了。

　　按照徕卡崇尚节俭的传统风格——但凡零件能接着用就绝不浪费的勤俭持家作风，钢嘴儿剩下了一些加工好的外壳自然不能扔了，就用在了下一代产品上，于是就出现了"过渡版圣光"。带锁扣这一特点吸引了很多徕卡铁粉，导致这些数量稀少的过渡版圣光的价格飙升，在收藏市场上也是一镜难求。

　　圣光最吸引我的地方就是光圈环，像展开的翅膀一样优美，加上遮光罩后依然有很舒适、清晰的手感，这一点比八枚玉好很多，八枚玉加上遮光罩后，调光圈就有点不方便了。

　　圣光其实是相当不错的镜头，只要你可以接受它全开光圈朦胧的氛围，它一定会成为你心爱的镜头之一。

徕卡 "小小八"

Ernst Leitz Summaron 35mm f/3.5

"小小八"是 Summaron 35mm f/3.5 的外号，徕卡难得的 35mm 焦段的便宜镜头——便宜的徕卡 35mm 镜头真的很少很少！

老迟 / 供图

　　八枚玉名气大，什么镜头也愿意来沾沾光，35mm f/2.8 就被称为"小八枚"，那么 Ernst Leitz Summaron 35mm f/3.5 就只能再降一级，被粉丝称作"小小八"了，让人感觉它也是八枚玉系列的一分子。其实它和八枚玉没什么关系，就是江湖上流传的外号而已，不要以为它也有 8 片玻璃啊！

　　小小八是 35mm f/3.5 的第二代镜头，八枚玉上市时它还在生产，所以沾光也不奇怪，但其成像风格和八枚玉并不一样，有自己的特点，也很值得把玩。

　　我比较喜欢的是最早期的那批小小八，主要是为了颜值，古典的外形很漂亮，光圈环的切削感非常独特，在后来的徕卡 35mm 镜头里不复出现，也算是那个时代的特色。镜身的用料相当扎实，拿在手里有压手的感觉，使用起来可以很放心，结实得很。

小区树荫下橙黄色的摩托车。

这支镜头锐度不错，光圈小还是好做嘛！焦外成像比较生硬，所以不要在它身上追求细腻、柔和的虚化背景效果了。

色彩还不错，和同时代的徕卡老镜头差不多，我更推荐用它拍黑白照片，影调和灰阶还是不错的。如果是新手，我还是更推荐你去先感受一下徕卡的现行版镜头。

非高峰时期的北京地铁。

乐趣无穷
从拍照工具到潮玩

相机是拍照片的工具，但是以前总有人愿意把工具设计得更像艺术品，工具也可以很好地突显个性啊，我不太明白为什么现在的相机要搞得一模一样，太没意思了。

有个性的相机并不只有限量版才可以做到，那些限量版太贵了！历史上有过很多奇思妙想的相机，太过天马行空，现在连胶片都找不到，买来只能当摆件。当然也有很多相机没那么离谱，找些又好看又好玩的机器，挂在身上格外有个性，哪怕不拍照，没事儿的时候盘一盘也是极好的。

抚摸着这些个性十足的相机，体会它们不同的个性，仿佛和它的设计者们有了跨越时空的沟通，可以想象当年这台相机叱咤风云的高光时刻，时间只是让它蒙尘，但你作为当下的拥有者，可以赋予它新的力量和意义。

可能它只是一台三五百元的廉价相机，可能它是某个设计大师的代表作品，或者它是哪位摄影大师的同款，可能它见证过历史上的辉煌瞬间。

今天它不再只是工具，它可以成为复古的潮玩，可以是新的明星。

千古江山，英雄无觅孙仲谋处。

舞榭歌台，风流总被雨打风吹去。

斜阳草树，寻常巷陌，人道寄奴曾住。

想当年，金戈铁马，气吞万里如虎……

阿古斯

《哈利·波特与魔法石》同款相机

毫无疑问地说，这台相机是《哈利·波特》"文创"周边里，最具性价比的一个——相较于在环球影城主题乐园中一根塑料棍都敢卖几百块的"魔杖"而言。

1929 年成立的 International Radio Company（IRC）最早生产收音机，1936 年开始生产相机并改名为阿古斯（Argus），20 世纪 50—60 年代在美国推出了很多产品，和美国的柯达类似。

阿古斯的产量很大，名气倒是没那么大。这台相机出名在它比较质朴的外形，大家给它起了个外号"板儿砖"——可以想象到它的分量和外观了吧！

《哈利·波特》系列的第一部电影《哈利·波特与魔法石》上映后，因为电影里哈利·波特的同学科林·克里维（Colin Creevey）拿着一台阿古斯相机到处拍照，随着电影的火爆一下就变成了网红机型，不少人尤其是小朋友买来把玩，导致它的价格飞涨，涨到足足 500 块。从这一点看它实在是太有性价比了。再加上《哈利·波特》的加持，让这台相机的成像素质变成了一个不太需要考虑的方面了。

这台相机的成像没什么特别的，吸引我的主要是它的外观和饰皮的配色，看起来很有蒸汽朋克的味道，从外观到配色都很"美国"。

在《哈利·波特与魔法石》中科林·克里维拿着一台阿古斯相机到处拍照。图片来源：高品图像 /GaoPin images

　　这台相机还可以更换镜头，但是换镜头的方式非常奇葩，需要把镜头和对焦轮中间的联动齿轮的盖子拆掉，再拔下联动齿轮，才可以换镜头，新镜头装上以后再反向重复上述过程，就可以开始拍摄了，简直是麻烦极了！所以好多用户甚至不知道它可以换镜头。

　　作为《哈利·波特》"文创"周边，看看环球影城主题乐园里一根小木棍（魔杖）都卖好几百块，就显得这台相机很便宜了吧。作为一个人像拍摄道具，阿古斯看上去确实很有风格，背出去应该会非常吸睛。

林哈夫

相机里的工艺品

林哈夫有一个"优点"，就是太重了，拿到手里，这个分量感是十分让你放心的，对身体素质的提升相当有好处，完全可以帮你省下健身房的年卡。

HurtKestrel/ 供图

林哈夫相机由瓦伦丁·林哈夫（Valentin Linhof）于 1887 年创立于德国慕尼黑，一直以来都致力于生产大画幅胶片相机。

其实我并没有买过林哈夫相机，理由很简单，太昂贵了，但是我用过朋友们的林哈夫相机。林哈夫的历史很悠久，1887 年林哈夫先生成立自己的工厂，从做快门起家，1899 年第一台林哈夫木制相机问世，直到 1929 林哈夫先生去世，林哈夫都是一家很小的公司。1934 年，尼古拉斯·卡帕夫入主林哈夫，带来了这个品牌的腾飞——主要是首创相机的框架式摇摆功能，于是技术型大画幅相机问世，"Technika"这个相机型号后来竟成为几乎所有技术型相机的代名词。此后，林哈夫推出了很多 4×5 相机和使用 120 胶卷的 6×9 相机，以双轨折叠机为主，其质量之好，设计之精妙，让任何一个使用者只要摸一次，绝对就会爱上它。

年轻时，一位拍风光的老前辈给我看林哈夫 617 拍出来的反转片，我就被震惊了，那色彩简直太漂亮了！我一下子对这台机器印象深刻，那时候我只知道佳能、尼康、哈苏，哪里听过林哈夫这种小众品牌，激动之下竟然打探了一下价格，听到答案瞬间就释然了！我当年做梦都没敢梦过这么贵的机器——到今天也不敢看。

林哈夫的机身精密、精美的程度确实令人赞叹，细节的设计极其巧妙，看起

莫高 / 供图

来确实像是一个工艺品。尤其是特艺2000，这台座机在升降前组的时候，靠小摇臂上下推动，那种如同液压千斤顶一样的机械结构本身操作起来就十分令人着迷。特艺2000我觉得已经是林哈夫双轨座机的极致了，手感完美，拿着它简直是种享受。不过单轨的卡丹机型我就没那么爱了，我更喜欢用仙娜的单轨座机。

当然，一个摄影系统的机身再精密也只是一个方面，最终还是要看镜头的成像质量。林哈夫的镜头都是德国的施耐德和蔡司生产的。据说林哈夫会在蔡司每次生产的上千支镜头之中选出来一批成像最好的，并且打上林哈夫的标志，叫作"林哈夫特选镜头"——那时候还不流行"甄选""严选"这种词语呢。

而林哈夫617则是一台可以用"传奇中的传奇"来形容的顶级宽画幅120相机，6:17的宽幅画面可以迷死任何喜爱宽银幕效果的摄影师，只要你手持放大镜看过反转片，那种身临其境的感觉是哈苏XPan这样的135宽画幅机器无法比拟的。

小袁同学 / 摄

福伦达至尊 69

花魁

福伦达至尊 69 发布于 1933 年，使用 120 胶卷，6×9 画幅。在日本这台相机被称为"花魁"。

福伦达至尊系列镜头是从微单 / 无反相机开始能够转接各种镜头之后火起来的。转接使得至尊镜头焕发新生，在影友中流行了起来，特别是那支至尊 50mm f/1.5 名气之大，导致很多人并不知道福伦达至尊除标准镜头外还有其他焦段的镜头。对我来说，福伦达相机里最漂亮的就是至尊，至尊里面最漂亮的是至尊 69，我觉得它是福伦达在那个年代成功到了一定程度，"心理膨胀"推出的一款炫技的产品。

至尊 69，用现在的眼光看，它的外观非常精美、复古，还非常低调。但这样的低调也是带有炫耀意味的低调，始终透着"老钱"的气质，毕竟福伦达是有着将近 300 年历史的企业。

作为中画幅折叠机，至尊 69 的气质、格调我认为高过哈苏，从品位到画质也绝对不比禄莱差。当你从风衣口袋里拿出这台机器，按下锁定按钮，相机面板像提琴盒一样地打开，这样优雅、从容的感觉就已经足够了，其他的都已经不重要了！

从具体操作上来说，这台机器至今用起来也是非常顺滑的，一点儿都不像几十年的老机器。至尊 69 最为"低调炫耀"的是它的旋钮，使用了非常复杂的镂空技术，我甚至觉得这个工艺完全不需要出现在相机上，而是应该出现在手表上。机器顶部漂亮的消光式测光表的设计也十分出色，很多人拿到都以为测光表是坏的，其实是不会使用，因为要练一阵才能够熟练掌握这个测光技术。

现在市面上能找到的至尊 69，成色或多或少都有点问题，所以更适合找一个成色还可以的作为摆件，影友聚会时掏出来撑一下场面，不是很贵，又可以做一个很好的收藏品，要是镜头可以正常拍摄，那简直就太完美了。

看到这台相机你就能想象当年福伦达是多么如日中天，但这竟是一种"回光返照"，在之后的岁月里，福伦达一天天走向了衰落，非常可惜。一个发展 300 年的公司一定有它对于摄影独特的理解和审美，很难去做出改变——用你教我做事啊？所以，最后福伦达把自己给作死了。

玛米亚 C330
戴安·阿勃斯的选择

玛米亚 C330 发布于 1970 年，主要面向专业和高级爱好者市场。戴安·阿勃斯使用的就是玛米亚 C330——用它来审视人间的固有规则和成见。

玛米亚（Mamiya）也是一个"怪物公司"，其产品线丰富且多变，有过巅峰时期，后来一度也濒临破产，最后被收购，在数码时代继续发光发热，基本算是完成所有的剧本了。

现在大约 40～50 岁的影友，对玛米亚的了解主要是通过婚纱照，仿佛一夜之间随着台湾婚纱影楼进入大陆，让这台相机在婚纱摄影界掀起了一股狂潮，不知道为什么所有的影楼都在用玛米亚 RB67 或者 RZ67。这么一个产品救活了一家老公司，这也是一个神话吧。

玛米亚出过很多特立独行的产品，比如广为人知的玛米亚 7。但就我个人来说，我十分喜欢玛米亚 C330 系列，作为市面上很少见的可换镜头 120 双反相机，C 系列确实显得与众不同，而且玛米亚竟然让这个系列持续了很长时间，从 C220 到 C330 有很多产品，并不是公司头脑发热的尝试——因为历史上也有很多老企业出过很多有趣但昙花一现的产品，都没有发展成一个长期的系列。从这一点上就能看出玛米亚的个性了。

这个系列最大的卖点当然就是可以更换镜头。作为 120 双反相机，可以更换镜头是非常神奇的，还从广角到长焦一应俱全！玛米亚使用伸缩皮腔来对焦是传统，这个特性使得它的机身都有着非常不错的微距性能，还不用多花钱买配件。

1968 年，美国纽约第六大道，特立独行的摄影师黛安·阿勃丝手持玛米亚双反相机被同伴拍摄了一张相当罕见的肖像照。Roz Kelly/ 摄

当然，玛米亚 C 系列为了可以换镜头也付出了很大代价，既要方便又要稳定、可靠，导致机身确实在 120 相机里算是巨大的，喜欢它的用户都会拥有非常强大的肱二头肌和颈部力量。而且这种皮腔双反的近摄，视差是个大问题，取景的精准度和 120 单反（比如哈苏 503CW）完全不能比。所以，玛米亚在取景器里设计有一个视差补偿标尺，随着对焦距离的缩短，标尺会浮动显示在取景器里（C330）。但是 C220 并没有这个浮动设计，所以说如果拿来拍照的话，C330 是非常好的机器，玛米亚对它各方面的考虑是比较周全的，我推荐优先选 C330 的顶配机型。

我觉得这个系列，除镜头焦段齐全，配套的蓝点镜头素质非常高，可玩性非常强外，另外一个优点就是真便宜啊。C330 机身的二手价格也就两三千元，买个大全套都花不了一台哈苏机身的钱。如果你想要拍中画幅，要机身皮实，还要功能好、画质好、价格便宜、可玩性强，C330 系列应该是个可以考虑的选择。

另外，每台相机都要有一位摄影大师加持，才显得更加"灵验"，戴安·阿勃斯使用的就是玛米亚 C330，我相信这足以证明 C330 值得信任了吧——特别是一个文静的女生从挎包里掏出来 C330 这样的金属怪兽，一定显得格外惊艳。

玛米亚 C220 的整套镜头群（由于作者只有玛米亚 C220，所以在此用 C220 的图片来做示例）。

哈苏 903SWC/907 登月版

买镜头送机身的典型代表

有一支 120 的超广角镜头很著名，使用对称的 Bigon 结构，就是蔡司 Bigon 38mm f/4.5。哈苏先后为这支传奇的蔡司镜头设计了好几台机身。进入数码时代，还在考虑数字后背如何与它兼容。

莫高 / 供图

绝大多数摄影发烧友对于哈苏的了解都是从机械的 500 系列开始的，比如说 503。哈苏确实很好用——那么贵再不好用也太没良心了。当年哈苏的广告铺天盖地，虽然我买不起，但我觉得最能代表哈苏的只有哈苏 903SWC。其实它不是一台相机而是一支超广角镜头。当年蔡司做了一个 Bigon 结构的超广角镜头，然后问哈苏，你看我这地球上最厉害的 120 超广角镜头，你要不要？哈苏也不傻，那当然要啊！于是，哈苏为了这支镜头做了一台相机，就是 903SWC。这个决定，在哈苏的历史中算是浓墨重彩的一笔。

哈苏 903SWC 是一台你可以不喜欢或者不去用，但是绝对不会忽略的机器。蔡司 Bigon 38mm f/4.5 镜头采用对称式光学结构——堪称天才的设计，这个结构的畸变率几乎为 0，而且拥有极高的分辨率。这支镜头的素质可以用极为优秀来形容，因为结构的原因，暗角有些重，所以一般配合中心渐变中性密度滤镜来使用。这支镜头素质好到什么程度呢——好到这么多年来都没有什么改进的余地，只有最近的一次改进是将镜片换成了环保玻璃。另外，把快门按钮的位置更换了一下，就算是升级了。但是，这个升级不是那么有效，哈苏迷就和徕卡迷一样："啊！换成环保玻璃了？那味道肯定不对了，我们要以前的！"

1972 年 12 月 11 日，阿波罗 17 号飞船的宇航员登上月球。地质学博士哈里森·施密特、尤金·塞尔南在月球行走中收集了月球岩石标本。图中宇航员胸前带手柄的白色相机就是哈苏 120 相机的登月版。

一般哈苏 903SWC 或者其改进版 905SWC 的使用者里建筑摄影师、风光摄影师比较多，这样的摄影师一般都对于大光圈有天生的厌恶感，虚化背景不会在他们心里激起波澜，只有机械、理性、精密、信息量丰富的成像才会让他们热血澎湃。

哈苏 900 系列在历史上实在是太有名了，到了数字摄影时代，哈苏被中国的大疆公司控股之后，推出了令人震惊的 907X 套机，配合 CFV 数码后背。907X 延续了 900 系列的轻巧外观，又让数码后背有了一个非常漂亮、方便、现代的操作系统，所以这个设计真的非常成功。比较可惜的是，那支传奇的 Bigon 38mm f/4.5 超广角镜头已经在这个套机中不复存在了，因为 Bigon 镜头是对称结构，后组很长，射到 CMOS 上的光线角度很斜，如果坚持镜头不改变结构的话，进行数字化改良难度确实比较大。可以说 907X 更多的是一个称号上的延续而不是具体产品上面的延续——但是哈苏数码 CFV 系列后背是可以接在 903SWC、905SWC 上的，只不过画质和胶片不是一个味道了。

　　在胶片时代，我用过朋友的哈苏 903SWC，拍摄反转片非常好，但是我更喜欢用它拍黑白胶片。把所有的赞美之词用在它上面都不过分，看到冲出来的底片时就已经感觉到不一样了！它的成像锐利而又细腻，纤毫毕现，毫无变形，高光冷峻，暗部通透，除了张大嘴巴，就没有别的方式可以表达我的喜悦和惊叹了。

　　如果你是 120 超广角镜头的拥趸，对画质有很高的追求，我认为你一定要去试试哈苏 903SWC。它充分展示了光学巨人蔡司在超广角镜头领域的能力，成就了蔡司、哈苏共同的传奇产品。这是哈苏产品里极致的代名词。

　　数码的 907X 当然也很好，可以理解为数字时代为复古爱好者设计的一台机器，我是非常推荐的，只要你可以忍受它开机慢、自动对焦慢、容易死机等这些缺点，907X 无论外观还是格调，都是数字时代非常难得的，有腔调的文艺气质中画幅相机。

　　遥想 1969 年，两台哈苏相机伴随阿波罗 11 号抵达月球，负责月面拍摄的是 Hasselblad Data Camera（HDC），另一台 Hasselblad Electric Camera（HEC）负责在阿波罗登陆舱内部拍摄。所以人类登月这件事在哈苏的历史上是极其光辉灿烂的一页。哈苏在 2019 年 7 月还专门推出了登月 50 周年纪念版本，侧面的金属铭牌还有开机动画这些已经足够吸引哈苏迷了，其他的一切问题都是可以忍受的。

何脑斯 / 供图

米诺克斯

著名的间谍相机

以前，我在电影里看到 007 那种间谍，从口袋里拿出一个像雪茄一样的东西抽拉一下拍照。我一直以为这个是电影道具，后来发现竟然真的有这么个相机！什么样的脑子才能想出这样的设计？

1936 年，发明家瓦尔特·察普制作出了米诺克斯原型机（Ur-Minox），1938—1943 年由拉脱维亚的 VEF 公司代工生产，后于 1948 年在德国创立 Minox 工厂，1996 年起，徕卡公司接管米诺克斯相机部门 Minox GmbH。米诺克斯分为好几代，如果不是"收集控"的话，其实购买第三代就很好，非常经典、漂亮，也是可玩性最强的。

米诺克斯有着丰富的套件，可以打造你个人的独特风格。它有极其小巧的配套闪光灯，还有三脚架等非常多的配件，这些配件收集起来也是一种乐趣。最好玩的是它的加工精密度极高——拉开盖子，露出镜头的同时就是给快门上弦，合上盖子的同时就是给胶卷过片。在如此小的机身里要实现这么多功能确实难度很大，背后有非常精密的小链条，通过它来完成一系列复杂的传动。真的和宣传册上说的一样，确实是钟表级别的加工工艺。第三代机器有一个原装的挂绳，这是给间谍专门设计的——只要把绳子拉直，就是拍摄桌面文件最好的距离。

现在还可以找到一些狂热爱好者来加工米诺克斯制式的胶卷，而且你还会惊讶地发现它的成像素质挺好的，起码比大多数人想象的要好——当年间谍用来拍摄文件，必须清晰可辨，拿着命换回来的，不好能行吗？

这台机器现如今最大的作用，我觉得就是用来做"项链"了。当然，你非要拍照也没有问题，但是更多是一个格调的象征吧。这样精致小巧的相机，拿在手里把玩，还是相当解压的。

Robot

钟表一样的相机

一个钟表匠的儿子，接连在机身和镜头方面取得辉煌成就，成为低调的天才设计师。

梓冬 / 供图

这台极具特点的相机叫作"Robot Royal"，很直接，就叫"机器人"。这台相机非常另类，连很多相机爱好者都从来没听说过它，这台相机实在太少见了。它的发明者是德国人海因茨·基尔菲特（Heinz Kilfitt），他是一个钟表匠的儿子，这个基因帮助他后来干了件意想不到的大事。

由于年轻有活力，工作又不够饱和，海因茨·基尔菲特在 1931 年独立设计制造了一台奇妙的相机。它使用 135 胶卷，但拍摄的是 24mm×24mm 的方形照片——这在 135 相机上是很罕见的画幅设计，类似的设计只有蔡司的 TENAX 招财猫和玛米亚的一款机器有过量产。

发条驱动的"机关枪"

后来汉斯 - 海因里希·贝尔宁（Hans-Heinrich Berning）在家族支持下，成立了罗伯特公司，海因茨·基尔菲特把这些技术专利全部卖给了罗伯特公司。Robot 系列相机使用 135 胶卷，一卷可以拍摄 50 多张照片，这是一个很有意思的卖点。

南京，剧组拍摄中，各个部门的人挤在小小的房间里。

　　Robot 系列的独特之处还在于其在纯机械时代非常独特的储能方式——上发条式，这就能看出钟表匠的思路了——这玩意儿咱熟啊。除了钟表，还有铁皮青蛙也是这种储能驱动方式。所以这台机器就是通过发条驱动实现胶卷过片和相机上弦的，还能实现高速连拍。在那个时代，绝对属于是特立独行的存在，上满一次发条可以拍近 20 张照片，确实不负 Robot 的名号。

　　要满足高速连拍，快门当然不能用普通的设计，所以选用了类似电影摄影机的叶子板式的旋转快门系统，得以实现快速连拍且保持稳定工作。

　　Robot 系列的做工异常结实——外壳用的是不锈钢，厚度甚至比徕卡 M3 的还要厚，耐用性十分惊人，大量被警察、空军等机构采用——使用它的人并不会像发烧友一样仔细保护机器的，而是真的可劲儿造，对可靠性的要求极高——闲暇时用来砸核桃是很好用的。

内蒙古克什克腾旗坝上草原，剧组拍摄追赶着秋天的美景。

Robot 系列配的镜头主要是施耐德、蔡司，恩娜也有部分焦段供给，成像素质也还不错。镜头卡口以螺口为主，后来推出的旗舰机型 Robot Royal 改为非常特别的螺口加卡口设计，这也导致转接变得十分困难。在国内我就找到一家有 Robot 转索尼的转接环。镜头的遮光罩也很好看，加上取景器后相当科幻，有点像机器人瓦力，喜欢玩的影友会一眼被打动。

Robot 系列的旗舰机型 Robot Royal 有 24mm×24mm 和 24×36mm 两种画幅，看看机身正面的取景窗就能区分，方的是 Royal 24，长方的是 Royal 36。

使用方面，Robot Royal 和徕卡都是黄斑对焦，Robot Royal 感觉更像是一台装有马达的巴纳克徕卡相机。所以有一个很要命的特点，就是它和巴纳克Ⅲ型一样，过片在快门右边，用的不是扳手而是个旋钮，旋钮还紧贴食指，所以当你不戴手套按下快门之后，这个机身的发条会立刻高速过片，这个金属的旋钮锋利的边缘会给你的手指留下非常深刻的印象。可以说，很多新人可能都"血祭"过自己的 Robot Royal 相机。

Robot Royal 是对称设计，正面像巴纳克Ⅲ型的慢速快门调速盘的部件是连拍选择钮，可以选择单张或高速连拍。如果不装胶卷，用机身下面大扳手上满发条，然后按下快门，听咔嗒咔嗒的声音，真的好过瘾啊！镜头右边是快门速度盘，快门速度最高 1/500 秒。取景器很有早期德国相机风格——只有绿豆那么大，和巴纳克的取景器一样难用！

Robot 系列相机是独特、优秀、充满个性、极其耐用的，当年大量提供给军队使用，在民用市场是比较少见的，在当年也是一机难求且很昂贵。现在二手市场上还能见到

在南京高楼的天台上为夜景拍摄做准备。

带着航电插头的版本，在家里没根本法用——买了它还得买架飞机当摄影附件。

基尔菲特的奇思妙想

这台相机的天才设计师海因茨·基尔菲特后来自主创业，又把专利授权给了 Metz(就是德国生产闪光灯的那个美兹)，做了新的相机产品设计，就是非常另类和稀少的相机 Mecaflex，这个产品秉承了罗伯特的奇思妙想，所有的操控全藏在外壳里，但是可惜的是产量太过稀少，极其难得一见，不出意外也是收藏市场的高价货。我至今只见过两台"活着"的机器。第一次见是在摩纳哥，著名的美能达大神 Cheji 问我，"那人手里拿的相机你认识吗？"我想，这有何难，过去一看，嚯！不认识。幸好"相机百科大辞典"陈仲元老师在旁边。我赶紧过去搬救兵，陈老师名不虚传，只远远地一看，说大概应该是美兹 24mm×24mm 的方画幅 135 相机。我们上前去打招呼，和那位白发苍苍的老先生一聊，果然如此！

Mecaflex 这台机器长得像老式小坦克，和艾克山太的轮廓很像，奇妙之处就是它的外观光溜溜的，把相机的顶盖像眼镜盒一样掀起来，才露出相机的操作部分，取景器和双反相机差不多，一起折叠展开，就像奇妙的魔法宝盒。收合的时候也是，把盖子向下压，取景器自动折叠收起，太有意思了！

经过陈老师这一介绍，我才知道还有这么一台相机，有这么一个牌子，越发佩服陈老师的眼界。据说基尔菲特后来自己继续生产这款相机，型号还叫 Mecaflex，镜头也是基尔菲特自己研发的，真乃神人也！

宝丽来
一张照片带来的时间感

宝丽来最早是做太阳镜起家的，接到女儿的"圣旨"——想要一台拍了就能看照片的相机，艾文德·兰德在1944年研发出即时摄影技术，1948年发布了宝丽来第一款拍立得相机。

宝丽来（Polaroid）公司1937年创立于美国，1947年创始人艾文德·兰德（Edwin H.Land）在美国光学学会上展示了拍立得相机的原型机，并在1948年发布了宝丽来第一款拍立得相机Polaroid 95。

宝丽来的故事颇具传奇色彩，单是宝丽来和其使用者的故事我感觉就可以写好几本书。其起源据说是它的创始人艾文德·兰德的女儿问爸爸，"为什么你拍的照片我现在看不到？"孩子的话就是"圣旨"啊，于是天才发明家艾文德·兰德就打算制作一台拍完可以马上看到照片的相机，经过多年的努力，诞生了宝丽来这个传奇产品。1948年年底，世界上第一台即时成像相机Polaroid 95上市。

1972年，宝丽来推出经典的传奇型号SX-70相机，宝丽来帝国一时风头无二。可惜后来宝丽来公司的几次重要决策全部都是失误的，导致这样一个影像巨人最终倒下。真是创业容易守业难啊。

很多人是从周杰伦的MTV和电影《情书》里认识这台相机的。我个人非常喜欢SX-70，确实是又经典又好用的相机，每次拉开这个相机都会感慨为什么会有如此巧妙的设计。

宝丽来和数码相机比起来没那么方便快捷，但你拍摄后，获得的是一张实物照片，而且有唯一性，不可复制，这种感觉在数字摄影时代实在是太珍贵了。著名电影导演维姆·文德斯、塔可夫斯基、斯坦利·库布里克等，都是宝丽来的忠实拥趸。维姆·文德斯就是看上了宝丽来的即时性和不可复制性，他写道："当我们在数字屏幕上看着那些虚拟和消失的幽灵，我们可以删除或滑动到下一张。然而通过

宝丽来你拍摄并拥有了一张原件。这是真正的实物，一个只属于你的实物，不是复制品，不是印刷品。相反，它不可复制亦不可重复。通过宝丽来你发现，在按动快门的时刻你已经从世界上窃取到了这个拍摄对象的图像。你已经把过去的一部分转移到了现在……"（引自《维姆·文德斯宝丽来电影笔记：即时影像》。

虽然现在复产了一部分宝丽来相纸，但是其稳定性确实不理想，成本也挺高。一盒底片要卖 130 元左右，只能拍摄 8 张，还是有些昂贵的。但是当你按下快门，看见相机里吐出来一张底片，然后看着它慢慢浮现出影像的时候，你又会感觉这个价格似乎也还能够接受。

宝丽来相机的对焦是手动的，有少量带有声呐对焦的版本，可以在全黑情况下实现自动对焦，这也是一项"黑科技"。

宝丽来现在更多被时尚达人作为"潮玩"来体验。我觉得这样很好，宝丽来不需要被套上一个艺术的名号，拍照对很多人来说是一种放松，而不是一种压力。

拉苏老师 / 供图

派宝 – 玛琪娜

维姆·文德斯的最爱

这台120机器的工具属性太强了，缺乏像福伦达相机的那种优雅的元素。

何脑斯 / 供图

　　玛琪娜（Makina）最早属于德国品牌派宝（Plaubel），后来被日本小西六（后来的柯尼卡）买下，生产 6×7 相机，机身由柯尼卡生产，镜头由尼康生产。这个牌子的出发点一直非常简单，就是要制造一台纯机械、纯金属、绝对可靠的 120 折叠机。德国电影导演维姆·文德斯就是这台相机的使用者，在给电影勘景的时候，拍过不少优秀的作品。

　　玛琪娜的做工真的非常扎实，活脱就是一块金属板砖，带着一种简单到生猛的朴素感。这确实是一个比较理想的产品。可以说，在使用 120 胶卷的 6×7 画幅相机里，很难找到这么扎实、简洁又高素质的相机了。玛米亚 7 不装镜头的时候比它小，问题是玛琪娜带着镜头呢。

　　玛琪娜的用料绝对不惜成本，除了皮腔全是金属件，镜头折叠的部分使用 X 形的金属支架，比折叠机常用的侧开导轨要稳定，不容易偏轴。对焦操作简洁明快，右手食指和大拇指转动拨盘驱动对焦，黄斑测距联动旁轴取景，有点像一台大型的徕卡旁轴相机。机身功能非常简洁，能不要的全不要，必须有的功能非常可靠，很适合患有"强迫症"的摄影师。

　　但是这么多年以后，从实际使用的情况来说，极致的追求未必能够带来极致的结果，因为派宝 – 玛琪娜过于追求全金属，结果润滑成了问题，最终导致个别部件之间反而容易产生一些金属磨损，影响使用。所以，如果平时拿来使用、拍摄的话，还是需要找一台状态比较好的机器。当然，120 相机里的选择也非常多，我觉得这台 120 机器的工具属性太强了，缺乏像福伦达相机的那种优雅的元素，好在它们本身是两个不同方向的产品，也是可以理解的。

国产镜头

李逵还是李鬼?

原来，大家谈起国产镜头往往都会摇摇头。国产镜头一直以来给大家的印象是廉价、粗糙，跟高品质关系不大。而国产镜头在微单崛起、流行转接的近几年真的算是异军突起。如果可以保持这样的态势进一步做精做细，在外观设计、商标、字体镌刻等方面再下一番功夫的话，我相信国产镜头以后会有更加广阔的市场。

我小时候，我爸妈都是纺织厂工人，一个月工资百十块钱，钱是掰成好几半花，有点结余那就是从嘴里抠出来的。玩摄影? 天方夜谭! 那会儿谁家有台照相机，那是相当有面子的，要是日本进口相机，那就太有面子了!

那时候国内的照相机工业不发达，整个国家的家底儿就薄。但其实说起来咱们中国的相机牌子还是很多的，曾经红红火火地发展过一段时间，但是工业产品牵扯的面很广——光学设计、金属加工、光学玻璃冶炼、精加工、装配……对各个环节都有很高的要求，当时基本上只能仿制发达国家的相机和镜头，慢慢积累经验。老一辈光学前辈就是这么一步一步走来，攻克一个一个难关的，真是不容易。受制于成本和产业链的限制，当时想做好，那成本就打不住，难啊!

别看上世纪50—60年代国内有那么多相机品牌——各地都有，大多用地名来命名——比如上海、珠江、虎丘、青岛、华山等，但其实有的系列使用全国统一的图纸，甚至统一生产关键部件，各地再进行装配加工。在这个过程中，就能慢慢地看出差距了，很多镜头本来设计得就不够好，各地装配水平不一，质量不稳定。海鸥当年的标头，由于装配不严格，硬是把挺好的镜头装配成很一般的水平，机器的质量也很不稳定。

改革开放以后，这时的日本相机已经进入电子时代，把德国相机都干趴下了，冲

1982 年，北京百货大楼，海鸥牌双镜头反光照相机热销。蒋铎 / 摄

进中国市场那是相当可怕的，质量和价格打压得国内厂家难以抗衡，在强势的宣传下，国产相机逐渐变成了落后、劣质的代名词。

　　国内仅存的大厂海鸥、凤凰，这时才开始尝试改革，引进新技术，但代差限制突破不了，只能消化日本淘汰的生产线，也难以挽回市场下滑的势头。当年，凤凰是我喜欢的国产品牌，我的第一台"专业"相机就是凤凰的，凤凰在后期也曾经出过尼康F 卡口的机身，试图在此一搏，但是在时代大潮下，还是黯然退场，实在是可惜！

　　好在凤凰的工程师还都在，近年来，国产镜头崛起的背后，多多少少都有着当年凤凰的影子。这些年随着经济发展，国内摄影圈越来越热，国产镜头开始复苏了。虽然国产镜头重新起步的时候还显得很粗糙，影友选国产镜头也是追求性价比，厂家也没有那么多投入和积累，也不敢搞精品，但是经过这些年的积累，各厂家也变得越来越沉稳，产业链、加工方面有了长足的进步，并且在海外市场也逐渐有了比较好的口碑。

老周复刻版 Elcan 50mm f/2 镜头拍摄。

　　国产镜头在微单崛起、流行转接的近几年真的算是异军突起。比如铭匠、唯卓仕、Thypoch、七工匠、中一光学、老蛙、毒镜、老周等品牌都在努力。其中老蛙的微距、移轴等特殊规格镜头广受关注，铭匠的 50mm f/1.4 标头、35mm f/2 AA，Thypoch 的 35mm f/1.4，还有老周的"周八枚"，都做得挺好的。

　　唯卓仕也已经在自动对焦上有了一定的发展，75mm f/1.2 这样的超大光圈自动对焦镜头也已经上市，素质也不错。

　　大部分国产镜头目前还是主要集中在徕卡 M 口这条赛道上，徕卡这几年热度高，徕卡玩家也喜欢折腾各种镜头，很多国产 M 口镜头很受欢迎。如果可以保持这样的态势进一步做精做细，在外观设计、商标、字体镌刻等方面再下一番功夫的话，我相信以后会有更加广阔的市场。

铭匠 35mm f/2 AA 镜头拍摄。

近来，一些镜头也存在外观设计难看，光学设计偷懒，工厂排期随意，交货不及时，装配粗糙，加工工艺不稳定不细致，刻字任性，填字随意，奔着地摊货为目标飞奔的现象，最终伤害的是关注国货的影友的心，在外也损害国货的名声。

很多影友买国产镜头不是没用过徕卡，往往是有不少好镜头了，还想尝试不同的风格才买的，他们对手感和质量是有要求的，加上这几年国产镜头的价格也是节节攀升，很多比日产福伦达还贵，那么起码得达到福伦达的手感啊，这个要求不过分吧！但是令人失望的是，很多细节却比不上两三千元的日产福伦达镜头，抱怨是免不了的啊！

这个差距厂家应该正视，不要觉得提意见的就是"黑子"，没有开放的心态，未来的路不一定好走。也更不能觉得反正他们看不出来，就这么凑活凑活得了，捞一票就走，这样会毁掉整个行业的。

国产镜头起步晚，有压力是一定的，努力啊！

胶片不死

什么叫真正的"胶片感"

胶片不是神，用胶片拍照没什么了不起的。胶片时代的烂片儿一点也不比现在少。所以拍得好不好不是用胶片、用数码相机的问题，是摄影师的技术问题。

经常有人和我说："龙哥，我特喜欢胶片。您看看，我这个是胶片滤镜调的色。你看这个划痕，这漏光，这就是胶片感！我好喜欢胶片啊，喜欢它永远的不确定性，喜欢那种只有洗出来才知道色彩变成啥样的感觉，那神秘的光芒闪耀，照亮我孤独创作的灵感……"

我赶紧说："哥们儿你醒醒！胶片上有划痕那是毛病，漏光是你相机后盖的遮光海绵老化了，赶紧去修理。胶片很'确定'，你的技术才是那个'不确定性因素'。我建议少用点过期胶卷，少去用过期药水冲胶卷的冲扫店，才能发现胶片真正的美。"

胶片冲洗出来，拿在手里，那种实在的物质感很吸引人。胶片不同于数码照片的反差、颗粒感，这些是一种不同的体验，确实能打动人。

胶片不是神，用胶片拍照没什么了不起的。胶片时代的烂片儿一点也不比现在少。所以拍得好不好不是用胶片、用数码相机的问题，是摄影师的技术问题。所以，不要神化胶片，也不要诋毁胶片，认真对待这种感光媒介，才是靠谱的态度。

那么，我会用什么胶片呢？我觉得符合自己审美的，用着舒服的，就是最好的，不要追求昂贵或者奇特。我的习惯是：先好好测试和试拍，摸透一款胶片的脾气、特性，坚持拍一段时间这样会更准确一些。如果只拍了一卷胶卷，就主观地判定这

2008 年，法国普罗旺斯的薰衣草田，我带着申豪 4×5 双轨机在拍摄，陈仲元老师为我拍下这张工作照。 陈仲元 / 摄

个胶卷的效果好不好，是不太靠谱的。不同的天气，不同的曝光，不同的冲洗店都要试试，然后保持其他因素不变化，每次只变化一个因素，这样才能逐渐摸索出适合自己的胶片。

目前如果我用胶片去拍摄的话，彩色反转片我比较喜欢柯达 E100G（5294）。它的性能稳定，色彩中性，不夸张。拍广告和杂志封面的时候我就用 E100G；富士 Provia 100F Professional（RDPIII）反转片也很好；如果选择彩色负片，我会用柯达的 Portra 系列。

黑白胶片里面，我常年偏爱使用的是柯达的 Tri-X 400 和依尔福的 HP5。因为平时小光圈用得多一些，所以感光度高对我的拍摄更合适一些。Tri-X 400 有非常好的宽容度和非常华丽的灰调，稳定，迫冲能力强。这款胶片我已经用了 20 多年，它和 HP5 反差上有不同的调性，这两种胶片都是久经考验的可靠型号。

以上是我个人习惯用的胶片。拍得多了，摸准了它的脾气，用习惯了，就会得到稳定、可控的色彩和影调。我很少在重要拍摄中换胶片或者换相机，职业摄影

法国普罗旺斯，古堡花园里的花草。申豪 4×5 双轨机，罗敦司德 150 镜头拍摄，柯达 E100VS 反转片。

师最看重的就是稳定性。摄影师经过常年的拍摄才会对胶片非常熟悉，拍摄时做增减感和做尽量稳定的后期冲洗，建立比较标准的暗房体系，才能精确地感受到胶片的独特魅力。

相机、胶片等都一样，不要盲目追求贵价，用着舒服、习惯就很好，适合你的才是最好的。其实大多数器材也是这样。

曝光和冲洗特别棒的胶片，其效果是非常美的，细腻的色彩、层次、影调都很美。千万不要把划痕和漏光当成胶片的特性，这些其实都是摄影师处理过程的瑕疵，不要把它归到胶片唯一的特点上。对于胶片也不要抱有盲目的崇拜和畏惧感，它只是影像的媒介、载体，决定作品水平的是摄影师。

现在胶片越来越贵了，趁着胶片没有完全消失去尝试一下，给自己留下一个美好的回忆也是十分有趣的事情。

玩摄影嘛，玩得开心很重要。

建于 13 世纪的法国圣雷米修道院，后来改成疗养院，大师梵高
曾在这里接受过治疗，就住在这个环廊楼上的房间里，在此期间
创作了很多作品。

法国普罗旺斯，清晨的麦田上弥漫着一层薄雾。
申豪 4×5 双轨折叠机，柯迟 E100VS 反转片。

镜头改口大师访谈

在摄影器材发展史上有太多各具特色的好镜头不断涌现，但是由于镜头卡口、年代、兼容能力、像面定位距等各个方面的限制，导致很多镜头没办法在现有的相机上去使用。

幸亏无反时代及时拍马赶到，因为无反相机的像面定位距普遍比较短，所以拯救了好多优秀的老镜头。以索尼微单为代表的无反相机，可以通过转接环和改口等方式让老镜头凤凰涅槃。

一般来说，使用转接环是比较经济实惠的选择，但是很多转接环的加工误差比较大，有的会造成遮挡边角，更严重的会影响合焦的准确性甚至使光轴发生偏移，尤其是有的镜头卡口太过于冷门，甚至需要二次转接才能装上机身，这样的话，对转接环的加工精度就是一个更加严峻的考验。

对于追求极致的玩家来说，改口就是一个好方法，现在老镜头改口主要是改成徕卡 M 口或者索尼微单的卡口，尤其是 16mm 电影摄影镜头，改为徕卡 M 口的最多，也反映出徕卡用户最喜欢折腾。

所以中国就出现了很多专门改装镜头的高手，比较有名的有：一水西来、镜头环保师、老镜新生、老苏等。他们有各自的改装风格，也带火了老镜头在二手市场的销售，让很多历史上的名头得以再次焕发光彩。下面，我就和镜头环保师徐延圣老师、老镜新生进行对谈。

镜头环保师利用独创的技术将 Contax G 系列的旁轴镜头全部改为徕卡 M口。

对话镜头环保师徐延圣

隋晓龙： 徐老师，您是从 16 岁开始就玩摄影？

徐延圣： 对，我从 1988 年开始拍照片，F2A 是我的第一台相机。

隋晓龙： 徐老师也是资深摄影师了，拍得很多，所以对摄影是有自己的理解的。后来自己中毒很深就开始改装镜头了。您现在是以改什么卡口的镜头为主呢？

徐延圣： 刚开始是"种镜"，就是找个适配的调焦筒，把镜头的光学镜组种进去。现在以改造徕卡 M 口镜头为主。最早改徕卡镜头的人并不是我，是日本的宫崎大师，那是真正的前辈。

隋晓龙： 我第一支请徐老师改的镜头是康泰克斯的 G28mm f/2.8，那可是 Biogon 结构的蔡司广角镜头啊！这是好多年前的事了。当年还是 BBS 论坛称雄的时代。康泰克斯 G 系列我觉得是徐老师改得非常多的一个系列。

徐延圣： 康泰克斯的改造是早期产品了，基本上每一支 G 系列镜头我都改造过。比如 G16mm f/8 的无损改造，全世界也没几个人能改。现在 G 镜头的改造已经到了第三代了。

隋晓龙： 我觉得数码化之后，尤其是到了微单时代，转接镜头的摄影爱好者数量明显增加了，很多年轻的摄影师喜欢转接老镜头来追求那种独特的味道。这对于推动老镜头的普及和二手镜头价格的上涨起到了一定的作用，徐老师功不可没！徐老师，您在改镜头的时候有没有会遇到过这种情况，比如这支镜头可能并不贵甚至还不如改口费贵？

徐延圣： 很多这样的镜头啊！就是图一个玩。玩摄影就是人跟器材有互动。很多时候并不一定只有昂贵的器材才值得玩，像雷丁娜、雅西卡、奥林巴斯等，虽然很便宜也一样很有乐趣。我就喜欢做一些性价比高的镜头的改口。还有的是突发奇想的改造，也不管成本的问题。

隋晓龙： 我手上这支就是啊，雅西卡的 45mm f/1.4，才 200 块钱，很好看的蓝眼睛，帅气。上世纪 80—90 年代生产的这些机器不管是做工还是用料都非常扎实。而且都不太容易坏，成像效果又很好。把它改成徕卡 M 口，改得漂亮一点，又可以用又可以玩。

徐延圣： 还有一些特殊情况。比如说有个小伙子来找我，说要把一支柯尼卡 50mm f/1.8 镜头改成徕卡 M 口，保持原汁原味。但这支镜头很便宜，改造费都比它本身贵好几倍，我就说这个拿来改造不值啊，太贵了。那个小伙子说，"这是我父亲留给我的，我想在我的徕卡上继续使用。"我立刻说，"那就没问题了，你寄过来吧。"

隋晓龙： 我觉得这就叫"匠人精神"。另外，有没有您印象特别深的镜头，特别有趣的那种？

徐延圣： 有。比如上世纪五六十年代的蔡司"牛眼"镜头！

隋晓龙： 嗯，这是当年蔡司特别用心做的单反系列镜头，可是成也这个卡口，败也这个卡口，蔡司的机身系统虽然不太成功——蔡司几乎每个机身都不太成功吧，但是镜头算是留下来了，那是镜头改造界的高阶产品，非常受喜欢老镜头的富裕发烧友们的欢迎。

乌雷 35mm f/3.5 镜头改为徕卡 M 口拍摄。

徐延圣：蔡司牛眼的 85mm f/1.4 很有特点。三角形的光圈，后来禄莱也有镜头采用的是这种三角形的光圈。这是我第一支改成 M 口的牛眼，非常昂贵，要七八万吧。大家也可以看看牛眼的 55mm f/1.4，它的价格还可以接受。

隋晓龙：能把这么贵的镜头寄给您来改口，真是信任啊！那么，您最喜欢的镜头是什么？

徐延圣：柯达雷丁娜系列折叠机的镜头，是我最喜欢的。这是十多年前的改造了。这支镜头的前半部分保持原样，我很喜欢保留镜头原始的元素，这种处理方式也是对原镜头设计师的尊重，之后我专门开模做了一个遮光罩，一开始是方形的，但没法装滤镜，所以后来改成了圆形的。雷丁娜折叠机其实对于镜头的保存很有优势，虽然距离现在五六十年了，但是大家都是拍完了折叠起来，镜头就能保存得很好。

隋晓龙：这故事就来了啊。雷丁娜在德国做得很好，后来它的老板专门安排了一次"巧遇"柯达老板——那时候柯达是世界影像界巨头啊，再后来柯达就把雷丁娜给收购了。出了配 35mm、50mm 等镜头的多个折叠机，镜头有施耐德的，也有罗敦斯得的。这支镜头在 44mm×33mm 中画幅相机上都能用。雷丁娜的镜头有很好的锐度和层次。
您觉得什么镜头的改口挑战比较大？

徐延圣：其实每一支都不容易，都是挑战。因为原汁原味的改口要尽量保持它的外观，还要黄斑联动，还要考虑到镜头光圈的位置，因为有的原始镜头的光圈环并不在合适改造的位置，比如太靠前，等等。例如奥林巴斯 OM 系列的单反镜头，我就只改了"鱼鳞瞳"55mm f/1.2，以及柯尼卡的 57mm f/1.2，这俩都是辐射头，其他的镜头我都没法改，太耗时间了。

隋晓龙：改成黄斑联动，才是精髓啊，徕卡的灵魂才能附体。用后背取景，没意思啊。

徐延圣：我们最近还开发了新的复刻版的安琴 S1——50mm f/1.9 镜头。

隋晓龙：重磅消息啊！徐老师给大家讲一讲这支镜头的故事。

徐延圣：安琴 S1 原厂的镜头很昂贵啊，好几万元，一般人负担不起。我们这个复刻版当然就便宜多了，可能就 1/10 以内的价钱。我们研究了原版镜头的玻璃，用相同的化学成分、相同的元素复制出老的玻璃，所以基本上，这两种玻璃的化学成分是一样的，拍出来效果是差不多的，但用新的玻璃、新的镀膜，锐度可能会好一点。

隋晓龙：原版的是没有镀膜的。

徐延圣：我只打算做 200 ～ 220 支镜头。因为要求比较高，我一天最多组装三支，所以即便要组装这 200 多支，我也要花好几个月的时间，所以就只能慢工出细活，做个限量版。

隋晓龙：等有了这支镜头正式的版本之后，我专门来试用，给大家讲一期。徐老师，从技术层面讲，什么类型的镜头比较适合改口？

徐延圣：我觉得镜头个头不要太大，徕卡的旁轴机身本来就不大，弄一支太大的镜

头装上去不协调，而且测距窗也被挡住了。焦距方面主要是 50mm 以下的，徕卡原厂都不建议改 90mm 以上的，因为做黄斑对焦的话 90mm 以上的镜头精度不够。

隋晓龙： 玩这些老镜头主要玩什么？有的人会觉得它不如现在的镜头这么锐。

徐延圣： 玩的就是氛围感、焦外、光斑。有的焦外可能会旋转感很强，像匹兹伐这种，也有的焦外化得特别开，有的是泡泡胶的感觉，其实每支镜头都有自己的风格。老镜头你总不至于拿来玩锐度吧！很多所谓的"味道"和"氛围"，是来自于它光学上的一些特性和不足。

隋晓龙： 徐老师，有没有一些人，为了一些特别专业的用途或者为了某一种效果专门来找您改镜头？

徐延圣： 有一些拍电影的摄影师，为了要特殊效果，曾经找我改过。那支镜头的焦外成像特别柔和，但我觉得这种镜头只能在特定的视频拍摄情景中用，普通的日常题材用不上。

隋晓龙： 我收集了很多人的意见啊，看看大家都喜欢改什么镜头，主要是这些：康泰时的 T1、T2、T3，徕卡 Minilux 的 Summarit 40mm f/2.4，雅西卡的 35mm f/1.8，玛米亚的 48mm f/1.5，柯尼卡的 50mm f/1.4，雷丁娜系列……那么，徐老师您改镜头是为了什么呢？

徐延圣： 为了自己开心，也为了让别人开心，为了这个手艺能传承下去。

对话老镜新生

隋晓龙： 您因为什么机缘开始改镜头？到现在有多少年了？

老镜新生： 自己喜欢老镜头，刚开始玩徕卡 M9 和徕卡镜头觉得还不错，突然发现摄友们发的老电影镜头拍的片子氛围感十足，色彩、焦外效果很漂亮，着迷了。然后就开始淘镜头，镜头淘到了，怎么装到徕卡相机上是个大问题，找人改吧，动辄好几千块，成本太高，刚开始试着买便宜的相应焦段的俄产镜头，拆掉镜心，想办法接上去，结果很难看，精度也不行，本身俄产镜头调焦的精度也差。后来采用现成的调焦筒进行二次加工，外观和精度上都得到了极大的改善。慢慢地，很多镜头有原调焦，尽量采用原调焦去做联动测距。从改第一支镜头到现在已经 12 年了！

隋晓龙： 您改过的镜头里难度比较大的或者最有挑战的是哪个？

老镜新生： 目前改成功的最难的镜头是爱展能 100mm f/2.5 P1，采用原调焦做联动测距。还有没改成功的，比如牛眼 55mm f/1.4，很难用原调焦去改联动测距，取芯改是下策，因为这么做就破坏了镜头原有的外观。

隋晓龙： 您改镜头是否会加入自己的审美风格，形成辨识度？

老镜新生： 改了这么多年，一直遵循改旧如旧。不加入任何自己的风格，更多是贴合原来的镜头去做配件。不加入任何耍酷的造型，原则是好用，毕竟镜头是用来拍照的。

隋晓龙： 您有没有自己最想挑战改口的镜头？

老镜新生： 每拿到一支没改过的镜头都是挑战，尤其是要采用原调焦去改。很多时候大脑里经常闪现这支镜头内部联动的画面。

对话镜头光学计算学者 Ale

隋晓龙：摄影爱好者们都非常喜欢各种定焦镜头。我们平时聊这些传奇镜头的时候，有一个话题是大家都很关心的，就是镜头的光学结构。很多人对光学结构的名称如数家珍啊，比如普兰娜、松娜、天塞……虽然大家都没什么数学功底，但是多数都能从经验中感受到数学原理反映到照片上的效果。所以，这次我们请来一直研究光学计算历史的学者 Ale，向大家介绍一下光学计算方面的内容。Ale，你能简单介绍一下双高斯结构的大概情况吗？

Ale：因为我是学历史的，所以经常会想到一个事物的起源到底是什么样的。顾名思义，双高斯就是两块高斯拼在一起。说到高斯，大家想到的都是数学王子高斯，他当时任德国哥廷根天文台的台长。可以说，摄影镜头的起源是望远镜的物镜。高斯为了改进望远镜，就想到一种新型的、非常有开创性的光学结构：将传统消色差物镜中的冕玻璃凸透镜和火石玻璃凹透镜拆开，而且都设计成弯月形，高斯结构就诞生了。这是在 1817 年左右。

隋晓龙：那时候摄影术还没有诞生呢。

Ale：对。那时候美国的一个望远镜制造商相中了高斯的光学设计，造出了这种望远镜，但效果并不是很好。当摄影术一经发明，几乎所有的光学厂商都立刻意识到这是一块非常大的蛋糕，那么这家美国厂商也就开始制造一种新的摄影镜头，把这两个高斯结构背对背拼在一起，就发明了双高斯结构。双高斯结构的起源大概就是这样，再后来这个演变大家就很熟悉了，很多稍微了解摄影镜头结构历史的朋友都会知道，蔡司的保罗·鲁道夫博士改进了双高斯结构，将两片负镜改为双胶合，申请了专利，专利的年份就是 1896 年。

这种双高斯结构后来影响范围非常大，第二次世界大战之前，这种结构衍生出的几个代表产品，我们可以列举一下。

大概在 1920 年，TT&H 的 Cooke 镜头把光圈扩到了 f/2，而且素质很好，就是 Cooke 的 Series O。我曾经用过，也看过别人的样片，即使放到现在也够用，效果还是相当不错的。它主要改进了两点，一是利用了新型玻璃，二是打破了完全对称的模式。后来，很多厂家开始模仿它，比如蔡司、徕卡、施耐德。

到第二次世界大战时，有一些镜头开始用稀土玻璃制造光学镜片，比如柯达的 Ektar 47mm f/2，这是非常重大的一个进步。还有更出名的，就是龙君很熟悉的徕卡在 20 世纪 50 年代生产的"黄玻璃"。虽然它比柯达晚出现好多年，但是名气很大。

在这之后，光学界又迎来了一个新技术浪潮，就是计算机辅助设计。这把双高斯结构推向了一个新的高峰。这个时期的代表产品有很多，比如蔡司的 Planar 50mm f/0.7。

可以说每支镜头都代表一个技术浪潮。再往后，20 世纪 80—90 年代，再到今天，双高斯镜头的特征逐渐淡化了。因为基础的 6 片双高斯结构并不复杂，它的性能——特别是开大光圈时的性能，很难满足各种用户日益严苛的要求。特别是近 20 年来，设计软件的进步异常迅速，镜头的光学设计愈发复杂，很多镜头的结构难以用传统的知识解释。

得益于新技术，这种传统结构的潜力也得以不断地被挖掘出来，但二三十年前，这种传统结构的潜力基本已经被挖掘殆尽了，比如佳能"小痰盂"（EF 50mm f/1.8 普及型标准镜头），基本已经把传统双高斯结构的潜力发挥到极致了。

当然，现在有很多复古镜头被生产出来，大家开始回归传统。我们不能说它表现出来的是一种优点或缺点，可以说是一种"特性"。

隋晓龙： 有一些发烧友会特别痴迷某一些结构的镜头，痴迷它所谓的味道、特点，你怎么看？

Ale： 确实如此，很多人都会选双高斯镜头，这是一个很难解释的问题。很多人喜欢背景焦外光斑的形态，有细细的亮边、旋涡、层层叠叠的效果。有这种光斑的镜头，大多采用的是 4 组 6 片的双高斯结构。很多发烧友觉得这种焦外光斑非常迷人，把它叫作"富贵黄金圈"，这种焦外效果在双高斯镜头上比较多见——但不是说只要是 4 组 6 片的双高斯结构，就一定会有这种焦外光斑。

隋晓龙： 摄影毒就毒在这了，偶然的东西，才吸引发烧友。那么，如果是你个人玩摄影的话，你会比较倾向于使用哪种结构的镜头？

Ale： 我就比较喜欢 4 组 6 片的双高斯镜头，当然也有一些镜头比较例外，比如福伦达至尊的 Nokton 50mm f/1.5，虽然它采用的不是 4 组 6 片的双高斯结构，但焦外光斑就是很典型的"黄金圈"，也很不错。

编辑手记

海杜马 – 杨磊 / 文

读者朋友们大家好，我是本书的策划编辑海杜马。借这个编辑手记来说说我和龙哥为什么要策划这本书，并将我们对于摄影器材的态度和心态传递给读者，帮助大家更好地理解这部作品，以及龙哥作为一位资深摄影师和器材专家，是如何看待器材的。这将会是一个非常有趣的话题。

龙哥比我年长十岁左右，但我们对于摄影和器材，有着颇为类似的经历。比如说，我们都经历了胶片时代、胶片和数码混合的时代，以及现在的移动影像的时代；我们也都对老器材有着浓厚的兴趣；我们都在摄影这个行业沉浸了很多年——龙哥是职业摄影师，经验丰富，而我呢，从小学到大学都在学摄影，但毕业以后并没有当职业摄影师，而是成为了摄影类的图书编辑。所以我也同时希望，我们以不同的身份（摄影师 + 业余摄影师和编辑）从主观 + 客观的视角来给喜欢各类摄影器材的朋友分享一些我们的感受。

这本书诞生的机缘有三个。一个是 2022 年主要的单反相机制造商都不再研发新的单反相机，这件事给我了很大的震撼——我们又经历了一个大的迭代时刻，总可以反思一点器材和摄影的关系吧；第二个机缘是近两年我都在看龙哥在哔哩哔哩上的《放毒大会》，被他的坦诚、幽默所吸引，更重要的是职业摄影师经历了很多商业拍摄以及自己的专题拍摄之后，那种对于器材的感受是和平常拍着玩的发烧友是有着极大的区别的。第三个机缘，是截至决定策划这本书的时候，我已经有快 20 年没有做过器材类的摄影图书策划了。2002—2007 年的时候，我曾经给著名的摄影师、器材专家赵嘉老师做过一阵子出版助手和策划人，参与策划了新版《兵书十二卷》、《顶级摄影器材》和《微单崛起》等书，那是很多年之前的事情了。当去年我看了几期龙哥的《放毒大会》节目之后，一个想法复活了，它不由自主地涌了上来：我应该重新做一本器材类的书了！一边看着节目我一边想：这位龙哥，说话糙，节目也糙，可是理不糙，太有趣了！他的很多想法都和我有着高度的共鸣，这共鸣是经历了胶片时代的摄影人所独有的——无论是对摄影还是对器材的那种精准的认知。

举例来说，龙哥对于美能达 X-700 这台著名的准专业相机，是这样说的："我依旧记得 80 年代刚刚参加工作的我，每个周末都忍不住跑到相机店的玻璃柜前，一边望着那台 4000 块钱的美能达 X-700 相机，一边擦着口水的样子……虽然它不是一台完美的相机，但它承担着 20 世

80—90年代，那个充满进取精神的岁月，工程师们对相机设计的梦想，也承担着摄影师的追求。很多人问，作为一个资深摄影师，现在还去买很多的胶片相机，是不是过于贪玩，太追求器材了？这台相机在我年轻时就是一个梦想，那时候我是当了裤子也买不起的，到了现在，我终于有条件去实现当年自己的一个梦想……拿着这台相机，我似乎穿越时空又回到了年轻的时候，梦想、期待，这些美好的事物没有随着美能达品牌的消失而消失，它们一直存在着，一直伴随着我……"

在胶片时代，摄影的门槛是比较高的，包括技术门槛和经济门槛。20 世纪80—90年代，能用上进口高级单反相机的人不多，能用国产的海鸥 DF 就已经很了不起了。所以看了龙哥对于美能达 X-700 的这些感慨，马上令我想起来 90 年代初，我在少年宫学习摄影的一段经历：

进入少年宫的时候，我用的是家里的旁轴相机海鸥 205，带一支固定的50mm 标准镜头，那时我就从来没听说过广角镜头、长焦镜头。后来看了同学们的相机，我才知道这个世界上除了海鸥，还有理光、潘太克斯（宾得）、尼康、佳能。90 年代初，照相机对于普通家庭来说是昂贵的"大件儿"，我们的摄影老师常说："谁谁他们家特别支持他学摄影，把家里的录像机给卖了（20 世纪 90 年代初期，一台录像机估计要好几千块吧），给他买了一台理光单镜头反光相机……"那时候，我最大的心愿就是想尝尝什么是广角镜头，或者用一下单反相机，那多酷啊。这时候有一天，我们班 R 同学，拿了一台崭新的尼康 F4 进入摄影组，说是爷爷在香港给带回来的。就连我们少年宫的老师都没见过这机器，争相赶来一睹芳容，老师们说得最多的一句话是："你们家可真够支持你的！" R 同学可能觉得过于拉风不太好，后来就一直用一台尼康 FM2，凡是我们学校或者少年宫组织重要活动，老师都来管他借 F4 或者 FM2 来拍照片，顺便拿来过过瘾。我把这个事儿告诉了我爸，我爸说：FM2 很贵的，咱们买不起。所以，一直到后来，尼康在我心里都是高级的代名词……

一转眼这么多年过去了，我们从少年进入中年，眼看着影像环境发生了巨大变化——新的传媒方式崛起，新的摄影器材类型更迭，新的职业诞生，技术门槛逐渐消失。看着旧的摄影器材落上灰尘或者被人遗忘，看着胶片时代结束，连拍电影都很少用胶片了，看着 AI 从能够生成照片到生成视频影像，制作人不用出门就能实现想法。

拍摄了这么多年，我也用了很多种机器，有为了工作服务的，也有纯粹为了爱好的。器材是一个很复合的话题，它涉及到职业或者业余摄影师的工作方式、人情世故、经济条件、兴趣爱好、人生哲学、生活方式。例如，我们摄影时候的心态，是放松地游走还是急功近利地攫取，是享受科技带来的便利，还是专注于手动操控一切的控制力；是个人影像专题的内敛采集，还是时刻通过网络向关注的人进行分享……

在技术领域，科技的进步和器材更新的确影响了影像的获取方式和传播途径，带来了新的创作方法，摄影师能够获得之前难以拍摄的影像；另一方面在大众传播领域，全民影像时代带来了翻天覆地的变化——摄影的门槛消失了，这改变了一切，摄影记者的很多功能被社交网络所替代。

在这样的环境中，为什么还有很多人喜欢胶片时代的器材呢？我的理解是：因为这些物件可以帮助我们回到摄影的原点：我们为什么而拍摄。影像本身对拍摄者的吸引力是什么、意义是什么——我们用何种心态拍摄，用什么技术进行拍摄，获得什么样的影像，这样的影像打动我的究竟是什么。

摄影器材是很有趣的，也是摄影的吸引力之一，它是个性，是情怀，是兴趣点，是享受过程的方式，但也绝对不是摄影的全部。无论器材如何演化，相机和镜头后面的那颗心，那个自由的灵魂，才是永恒的银盐沉淀。

1994 年 10 月，NASA 宇航员特伦斯·W·威尔卡特在执行 STS-68 任务期间，利用太空失重环境摆弄奋进号航天飞机飞行甲板上的五台照相机。画面最左边是一台林哈夫大画幅相机，旁边是四台哈苏 120 相机。

致谢

隋晓龙 / 文

衷心感谢所有对这本书提供帮助的老师们和朋友们！

感谢陈仲元老师，多年来一直鼓励我出这本书，并且在摄影器材、理论知识等各个层面提供了数不清的无私帮助。

感谢本书的策划编辑杨磊，促成此书出版，并且投入大量精力参与内容的讨论，能够不断地督促我，并容忍我的"拖延症"。

感谢祥生行相机博物馆提供了无数摄影器材的支持。

感谢好友李泽宇，不厌其烦地把我的口述录音整理成文字，各种琐碎的工作也付出很多。

感谢 Ale、第六天魔王等好朋友在技术资料等方面的强力支持，还有镜头环保师、老镜新生等老师一直以来的指导和帮助。

最需要感谢的，还有《放毒大会》的诸多群友、观众，包括神秘的"远方的朋友们"，你们提供了源源不断的摄影器材和理论指导，没有你们的支持，就没有《放毒大会》这个节目，没有你们的鼓励，就没有这本书的问世，感恩！很多群友也为本书提供了精彩的器材照片和收藏的珍贵资料，补充和完善了这本书的器材照片，感谢你们的支持！

感谢我的家人对我一贯的支持和鼓励，才有了《放毒大会》这个坚持了数年的直播节目，感谢小茉莉一直陪我直播并担任试镜模特，爱你们！

报答春光知有处，应须美酒送生涯。